设施蓝莓
优质丰产栽培技术

于强波 主编

化学工业出版社

·北京·

本书主要介绍了设施蓝莓优质丰产栽培技术，包括蓝莓栽培概述，设施的结构类型与建造，品种分类及优良品种，优良苗木繁育技术，生态学特性及科学建园，设施蓝莓周年栽培管理技术，蓝莓果实采收、分级和贮存，病虫鸟害防治技术等内容。特别是对以物候期为顺序对蓝莓的周年管理技术与设施栽培技术进行了全面又翔实的介绍。文前附有高清原色图谱，便于读者参考与比较。

本书内容丰富，图文并茂，通俗易懂，实用性强。可供广大果农、技术人员以及农业院校师生阅读参考。

图书在版编目（CIP）数据

设施蓝莓优质丰产栽培技术/于强波主编. —北京：化学工业出版社，2017.4（2025.6 重印）
ISBN 978-7-122-29146-2

Ⅰ.①设⋯ Ⅱ.①于⋯ Ⅲ.①浆果类果树-果树园艺 Ⅳ.①S663.2

中国版本图书馆 CIP 数据核字（2017）第 035387 号

责任编辑：刘　军　张　艳　　　　文字编辑：向　东
责任校对：边　涛　　　　　　　　装帧设计：关　飞

出版发行：化学工业出版社（北京市东城区青年湖南街 13 号　邮政编码 100011）
印　　装：北京盛通数码印刷有限公司
850mm×1168mm　1/32　印张 5¾　彩插 2　字数 156 千字
2025 年 6 月北京第 1 版第 8 次印刷

购书咨询：010-64518888
售后服务：010-64518899
网　　址：http://www.cip.com.cn
凡购买本书，如有缺损质量问题，本社销售中心负责调换。

定　　价：19.80 元

本书编写人员名单

主　　编　于强波

副 主 编　孟凡丽　于立杰

编写人员（按姓名汉语拼音排序）

　　　　　　卜庆雁　梁春莉　孟凡丽　苏　丹　苏晓田

　　　　　　衣冠东　于立杰　于强波　张力飞

前　言

　　蓝莓属于杜鹃花科越橘属植物，为落叶或常绿灌木。被联合国粮农组织评为第三代水果，同时被评为人类"五大健康食品"之一。蓝莓的育种驯化、商业化栽培都起源于北美，近几十年来，经过我国科研人员对本土资源的研究及进行引种等科学研究，对蓝莓的产业化栽培积累了大量的宝贵经验。我国要抓住发展蓝莓产业的大好形势，发挥优势，抢占市场，以蓝莓为代表的小浆果种植由发达国家向发展中国家转移已是必然趋势。我们可以抓住当前有利时机推广发展以蓝莓为代表的第三代水果，形成出口创汇产业。

　　本书主要介绍了设施蓝莓优质丰产栽培技术，包括蓝莓栽培概述，设施的结构类型与建造，品种分类及优良品种，优良苗木繁育技术，生态学特性及科学建园，设施蓝莓周年栽培管理技术，蓝莓果实采收、分级和贮存，病虫鸟害防治技术等内容。另外，重点对以物候期为顺序对蓝莓周年管理技术和设施栽培技术进行了全面而又详尽的介绍。在编写过程中，借鉴了大量不同版本的国内外蓝莓相关专著的优点，参考吉林农业大学小浆果研究所、辽宁省果树研究所、江苏省中国科学院植物研究所等单位的相关技术成果，结合笔者多年教学、科研中的理论与实践相结合的相关经验，针对蓝莓设施优质丰产栽培技术进行了简要介绍，力求可以抛砖引玉。

本书编写人员均为长期工作在科研生产第一线的工作人员，理论功底扎实，实践经验丰富。书稿经过多次修改，最后整理而成。

　　由于时间仓促，加之编者的水平所限，书中难免有不足之处，恳请广大读者见谅并批评指正，在此深表感谢！

编者

2016 年 12 月

目录

第一章

蓝莓栽培概述

蓝莓属于杜鹃花科越橘属植物,为落叶或常绿灌木。越橘属植物全世界有400多种,广泛分布于北半球,以北美洲资源最为丰富,占世界总数的一半。我国约有91种、24变种、2亚种,主要分布于东北和西南地区,多为野生,具有较高经济价值的有20多种。蓝莓果实呈蓝色,并被一层白色果粉,果肉细腻,果味酸甜,风味独特,营养丰富。富含熊果苷、花青苷以及丰富的抗氧化成分,含有大量对人体健康有益的物质。因此被国际粮农组织列为人类五大健康食品之一,同时被认为是21世纪最有发展前途的新兴高档果树树种。

一、蓝莓栽培利用历史

蓝莓驯化研究始于美国,1906年,F. V. Coville首先开始了野生选种工作,1937年将选出的15个品种进行商业性栽培。20世纪30年代美国蓝莓开始进入商业性大面积栽培阶段,并已选育出了上百个优良品种。据统计,目前世界蓝莓产量的90%集中在北美,北美蓝莓研究水平在世界处于领先地位。美国蓝莓分五大栽培区域:东北/大西洋地区、中西部、西北部、南部和东南部。

欧洲有丰富的野生蓝莓资源，1923年在荷兰建立了第一个高丛蓝莓种植园，荷兰的蓝莓生产发展很快，集中在南方各省。德国主产区集中在北部。法国主要集中在西南部。意大利、奥地利也有蓝莓的商业性栽培。北欧的芬兰和瑞典是野生种Bilberry的主产地，其色素含量相当高，是提取天然色素的重要原料。

澳大利亚和新西兰两国主要栽培高丛蓝莓和兔眼蓝莓。两国利用南北两半球的气候季节差异，发展蓝莓出口到北半球，供应冬季市场。两国蓝莓产量发展很快，已经选育出了一些适合当地气候条件的优良品种。

日本是亚洲栽培蓝莓较多的国家，大约经历了20年的时间，蓝莓作为一种新型水果才被消费者接受。日本自1951年引进蓝莓后，至今已有60余年，前30年发展很慢，到1980年时共计10hm^2。1980年当蓝莓的保健功能被确认后，加快了发展步伐，尤其是在过去的10年中发展更为迅速，到2011年共有1000hm^2，产量达3000t，主要产区为长野、岩手、群马、栃木等地。日本消费者主要偏爱大果、味甜、口感上乘的品种，而且由于蓝莓的叶片秋季变红，有较高的观赏价值，目前有一些具有一定规模的蓝莓种植园，同时具有观光农园和生产园的性质。

中国有着丰富的蓝莓资源，主要分布于西南、华南、东北等地。其中笃斯越橘和红豆越橘的面积最大，产量最多，集中分布在大小兴安岭、长白山，据专家估计，大兴安岭的产量可占全国的90%，丰产年可达数十吨，甚至可突破百万吨，但是对其研究开发工作进行不多。20世纪50年代，大兴安岭地区的牙克石酒厂曾以当地主产的红豆越橘和笃斯越橘为原料酿造蓝莓酒，长白山区的漫江酒厂也曾酿造过蓝莓酒。20世纪80年代，吉林省安图县山珍酒厂酿造的蓝莓酒，曾获轻工业部银质奖。在此期间，吉林省的长白县、浑江市、汪清县，内蒙古自治区的根河市，黑龙江省的黑河市，加工利用野生资源，一度形成热潮。但均由于产量不稳定，并受其他因素干扰，未能形成稳定的商品生产。近年来，由于蓝莓在世界范围内兴起，我国各进出口公司纷纷到大兴安岭收购蓝莓，制成速冻果销往海外，年收购量达到几千吨。

　　吉林农业大学等单位于 20 世纪 70 年代末期至 80 年代初期，开始对蓝莓品种选育、快速繁殖、栽培技术以及野生资源的保护利用等进行了系统研究。1990 年从美国、加拿大、德国、芬兰等国，引进在栽培品种 21 种，包括矮丛蓝莓、半高丛蓝莓、高丛蓝莓和红豆越橘四大类。到 1997 年，引入的品种已达 70 余种。1989 年，解决了蓝莓组织培养工厂化育苗技术。扩繁后，在长白山的安图、松江河、浑江、蛟河等不同生态区建立了 5 个蓝莓引种栽培基地。1995 年，初步选出适宜长白山区栽培的蓝莓优良品种 4 个，并开始生产推广。对一些基本的栽培技术和育苗、土壤管理等也做了研究，并对我国的蓝莓发展提出了一些有益的建议，如提出了蓝莓栽培的区域化，并对其进行了深入的探讨，这些研究是我国发展蓝莓产业的宝贵财富。1999 年，吉林农业大学与日本环球贸易公司合作，率先在我国开展了蓝莓的产业化生产栽培工作。2000 年开始，相继在辽宁、山东、黑龙江、北京、江苏、浙江、四川等地引种试栽。2004 年，在吉林、辽宁和山东省发展 300hm^2，总产量 300t，产品 80％出口日本，露地鲜果价格为 8～10 美元/kg，设施栽培蓝莓鲜果价格为 15～20 美元/kg。到 2014 年为止，国内种植已经遍布全国各个省市，总面积已超过 2 万公顷，产量近 3 万吨（图 1-1，图 1-2）。

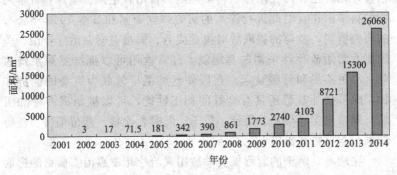

图 1-1　我国历年蓝莓栽培面积

（引自：李亚东，中国园艺学会小浆果分会 2015 年年会报告）

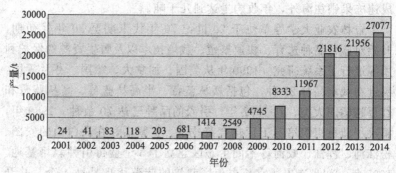

图 1-2　我国历年蓝莓产量

（引自：李亚东，中国园艺学会小浆果分会 2015 年年会报告）

二、蓝莓的营养成分和营养价值

　　蓝莓果实味道鲜美，含有大量对人体健康有益的物质。除了含有常规的糖、酸外，还含有丰富的抗氧化成分，如维生素 C、维生素 E、维生素 A 和 β-胡萝卜素等。据 1986 年美国 Tufts 大学农业中心在互联网上发布的研究报告表明：在 40 多种水果和蔬菜中蓝莓中含有的抗氧化活性最高，而且其不含脂肪和胆固醇，钠的含量也很低。蓝莓果实中含有大量的天然色素，可以用于提取天然食用色素，国外已经广泛用作饮料染色剂和食用着色剂。美国和日本两国的科学家正在对此进行深入的研究。据美国和日本 1999 年公布的研究资料，蓝莓的提取液对视觉疲劳、弱视有辅助治疗作用。美国妇女常用蓝莓汁来调制鸡尾酒，经常饮用可以抵抗泌尿系统感染、心脏疾患和延缓衰老。在国外蓝莓很早就成为重要的经济作物，除鲜食外蓝莓还具有良好的加工性能，可以被制成多种加工品：罐装果实、果酱、果汁、果干、发酵乳饮料、蓝莓馅饼、蓝莓糖果、蓝莓粉胶囊等。

　　在瑞典，晒干的蓝莓果实常被用来治疗儿童腹泻。蓝莓的提取液对人类的视疲劳、弱视有辅助治疗作用。而且发现蓝莓果实具有防止脑神经衰老，增强心脏功能，明目及抗癌等独特功效。

（一）蓝莓的营养成分

1. 糖、有机酸类

蓝莓果实含很多有机酸成分，食入口中酸味显著。Bourhk 报道蓝莓、笃斯越橘和黑果蓝莓果实中含有有机酸，柠檬酸和苹果酸是最重要的非挥发性有机酸。果实中糖的含量随着成熟而增加，糖度可达 13% 左右。蓝莓成熟果实中的糖主要是果糖和葡萄糖，占90% 以上，果糖与葡萄糖的比例维持在 1：1.2 左右；果实中有机酸的含量随着成熟而减少，成熟时维持在 1% 左右。总酸量为 1.6%～2.7%，主要是柠檬酸（550～580mg/100g 鲜果）、归尼酸（440～780mg/100g 鲜果）、苹果酸（370～570mg/100g 鲜果）和乌头酸（210～440mg/100g 鲜果）。

Martunov 曾报道蓝莓果实中所含的水溶性多糖，经水解后分析，它们均由 5 种单糖组成，这 5 种单糖为半乳糖、葡萄糖、阿拉伯糖、木糖和鼠李糖。

2. 维生素和超氧化物歧化酶（SOD）

维生素 C 的含量平均在 10mg/100g 鲜果左右，大约为温州蜜橘的 1/3；维生素 B_5 的含量也较多，维生素 B_5 是 B 族维生素中最稳定的复合物，即使加热也不被破坏；蓝莓果实中含有较丰富的维生素 E，鲜果中含维生素 E 2.7～9.5μg/g 鲜果，且维生素 E 被称为抗糙皮病因子，对人类糙皮病和犬黑舌病有一定的疗效。维生素 E 和 SOD 是人体抗衰老的活性物质，是一般果品中含量较少和活性较低的成分。

3. 氨基酸、生物碱、脂肪、单宁和果胶

蓝莓果实中共检出 15 种氨基酸。总氨基酸含量占成熟果实干重的 1.085%～2.549%。其中以谷氨酸含量最高，含量达 0.197%～0.540%，可用作人体摄取谷氨酸的供给源。另外，果中所含的多种氨基酸和植物碱，具有利尿、解毒等功效，可用于治疗肾结石、淋毒性尿道炎、膀胱炎、肠炎、痢疾等。蓝莓果实含脂肪 0.53%～2.00%，单宁 0.20%～0.28%，果胶 0.30%～

2.50%。

4. 微量元素

蓝莓果实中 Fe、Ca、Mg、Mn、P、Zn 等元素的含量较丰富。以干重计，含量分别为：Fe $5.6\sim30.0\mu g/g$、Ca $220\sim920\mu g/g$、Mg $11.4\sim24.9\mu g/g$、P $79\sim354\mu g/g$，可作为人体中这些元素的供给源。医学上正在研究利用蓝莓果汁中高浓度的锰作造影剂。

5. 花青素（花色苷）

花青素属于酚类化合物中的类黄酮，具有类黄酮的典型结构，基本结构单元为 2-苯基苯并吡喃阳离子。蓝莓果实中的色素为花色苷类天然色素，可调配成蓝、蓝紫、紫、绛紫、玫瑰红、粉红等一系列鲜艳悦目的颜色，其稳定性强，是品质优良的天然色素。据报道，此花色苷色素对人的眼睛有益，可以消除眼睛疲劳，增加视力；而且具有降低胆固醇、抑制脂蛋白氧化、抗氧化、抗衰老、抗溃疡、抗炎和抗癌等生理功能及显著的药用功能。

美国相关研究机构发现，蓝莓在果蔬中属于花青素含量最高的水果。蓝莓中花青素的含量、种类和抗氧化能力会因栽培方式、品种、收获季节和地域等条件的不同而存有差异。蓝莓野生品种的花青素含量高达 $330\sim338mg/100g$ 鲜果质量，栽培品种一般为 $70\sim150mg/100g$ 鲜果质量。Scalzo 等测定的新西兰蓝莓中，晚熟品种 Velluto Blue 和 Centra Blue 的花青素含量相对较高，而早熟品种 BlueBayou、Blue Moon 和 Sunset Blue 的花青素含量相对较低；兔眼蓝莓的花青素含量高于南高丛和北高丛蓝莓的含量。Garzón 等测定的哥伦比亚蓝莓鲜果中花青素含量约为 $329mg/100g$，而我国大兴安岭的野生蓝莓鲜果中花青素含量为 $(156.1\pm9.1)mg/100g$。

6. 黄酮类成分

黄酮类物质是一类大量分布于自然界植物中且具有多种生理活性的多酚类化合物，属于植物体内的次生代谢产物。黄酮类化合物因其结构特征又可分为黄酮、黄酮醇、异黄酮等多种类型，且在果蔬中常以黄酮糖苷的形式存在，极少部分以黄酮苷元的形式存在。蓝莓中含有丰富的黄酮类化合物，相关研究表明黄酮类物质具有较佳的抗氧化性、抗肿瘤、抗病毒和预防动脉粥样硬化等多种药理活性。李颖畅等研究发现蓝莓叶总黄酮具有较强的抗猪油氧化能力，且成剂量效应关系。

7. 熊果酸成分

熊果酸是多种天然产物的功能成分，通常以游离或与糖结合成苷的形式存在。熊果酸具有广泛的生物活性，尤其是在抗肿瘤、保肝、降血脂等方面作用显著。蓝莓果实中熊果酸对中枢神经有明显的安定与降温作用，有关研究人员通过大量的动物实验证明它能够降低小鼠的正常体温、减少小鼠活动，对体外革兰氏细菌、酵母菌等的活性也具有抑制作用。

8. 鞣花酸

鞣花酸（Ellagic acid）是一种天然多酚组分，它是没食子酸的二聚衍生物，是一种多酚二内酯，属天然抗氧化剂，具有抗衰老、增强机体免疫力、抵抗癌症和抗氧化等作用。天然的鞣花酸最先在树莓、草莓和蔓越莓等水果中被发现，后来又陆续在栗子、石榴叶等植物中发现。刘艳等采用高效液相色谱法（HPLC）测得大兴安岭的蓝莓中鞣花酸含量约为 6.893mg/g。

9. 绿原酸

绿原酸（Chlorogenic acid）属酚类化合物，是植物细胞在有氧呼吸过程中经磷酸戊糖途径（HMS）的中间产物合成的一种苯丙素类物质。龙妍等利用 HPLC 法测定埃利奥特高丛蓝莓中绿原酸的含量约为 70mg/100g，虽然不及药用植物中的绿原酸含量高，但是与其他水果相比，其含量有明显的优势。

10. 食物纤维

蓝莓果实中植物纤维含量较高，栽培品种中可达 4.5g/100g 鲜果，日本栽培品种也达到 4.1g/100g 鲜果。这一数值比猕猴桃（2.99g/100g 鲜果）、苹果（1.3g/100g 鲜果）分别高出 1.4 倍和 3 倍。在果肉中含有石细胞，这些可摄取的食物纤维对于整肠、消除便秘有卓越的功效，同时还可预防大肠癌。

11. 香气成分

日本对兔眼蓝莓的 3 个品种进行测定，发现其香气成分含量在 $(440\sim1670)\times10^{-9}$，主要成分有沉香木醇、转二乙烯酮、香叶醇、橙花醇、癸酸、月桂酸、棕榈酸、香芹酮酸。随着果实成熟，沉香木醇含量增加，香叶醇微量增加，其他则减少。

12. 其他成分

Bere 发现蓝莓中含有人体必需脂肪酸亚麻油酸，含量约 0.25g/100g。Mattila 等发现蓝莓果皮中的酚酸含量为 85mg/100g。紫檀芪是在蓝莓中发现的一种天然化合物，是一种与白藜芦醇类似的抗氧化剂，具有抗癌、抗氧化、调节炎症、降低血脂和抗真菌活性等功效。野生品种中含有黄色苦素、杨梅酮的黄酮醇配糖体，这两类物质都有抗癌和抗肿瘤作用。

(二) 蓝莓的营养价值

蓝莓果实中因功能因子含量丰富具有很强的保健功能，主要体现在改善视力，具有较强的抗氧化和清除自由基的能力，预防或抵御包括癌症在内的疾病，调节代谢和改善记忆力等方面。

1. 保护视力

人眼能够看到物体是由于视网膜上视红素的存在，它的功能是将光的刺激传递给大脑而使人感到看到了东西。人眼在工作时，视红素被光一点点地分解，随着年龄的增长分解加快。蓝莓果实中的花青素具有活化和促进视网膜细胞中视红素再生，抑制活性氧的活性和阻止光诱导感光细胞死亡的功能，能活化和促进视红素再合成，有助于预防眼睛退化性疾病，可以有效预防重度近视眼，增进视力。在第二次世界大战期间，英国空中驾驶员每天都食用蓝莓果酱，使视力大大改善，据说"在微明中能清楚地看到东西"。意大利和法国科学家研究认为这主要是蓝莓中花青素的作用。Shen 等证实蓝莓中的花青素可以通过预防性神经保护作用，保护老鼠的视网膜免受光所诱导的视网膜病变。孟宪军等发现蓝莓花青素对大鼠视网膜光损伤有明显的保护作用，其机制可能与抗脂质过氧化作用有关。Sunkireddy 等认为黄酮类化合物可以清除由紫外线照射和外界污染所造成的眼睛中白内障晶状体。据报道，人在一天中摄取 120～250mg 花青素（相当于 40～80g 蓝莓鲜果），视野会明显变宽，适应黑暗环境的时间显著缩短。

在我国，随着现在人们工作和生活压力的不断增大，因眼睛疲劳而产生的疾病越来越多，近视现象十分普遍，近视的发生人群也越来越趋于低龄化，利用蓝莓中富含花青素等黄酮类化合物，以蓝莓为原料开发人眼保健品，对预防近视和降低近视的发生率有积极作用。

2. 抗氧化作用

蓝莓中富含黄酮、酚酸等大量的生理活性物质，能有效地保护细胞免受过氧化物的破坏。国外研究北美沙果、接骨木、黑穗醋栗、黑莓和蓝莓的抗氧化能力，其结果表明蓝莓的羟基抗氧化能力最强。若自由基在脑神经细胞内大量累积会引起脑神经元结构受损，导致脑功能衰退，蓝莓花青素与自由基结合可以有效清除体内过多的有害自由基并激活细胞内抗氧化防御系统，达到维持自由基动态平衡、改善体内微循环的作用。蓝莓花青素与维生素 C（V_C）和维生素 E（V_E）具有协同作用，可增强其在体内的抗氧化效果。

3. 延缓脑神经衰老，增强记忆

有研究发现，蓝莓对与衰老有关的瞬间失忆症有明显的改善和预防作用，并能够增加记忆力。陈英对有记忆障碍的小鼠进行研究发现，蓝莓提取物 BEP（是从蓝莓果实中提取的以蓝莓原花青素为主的混合物）具有改善小鼠学习记忆能力的作用，这可能与蓝莓中原花青素具有提高小鼠脑内抗氧化能力以及提高小鼠脑内胆碱能神经元的功能有关。

4. 清除自由基，预防癌症

科学家发现，自由基，特别是活性氧与 100 多种疾病有关，人的寿命长短直接取决于人体抗氧化抗自由基能力的强弱。潘一峰指出，蓝莓果渣提取物黄酮（FFV）可有效降低大鼠肝肾中自发性和 Fe^{2+}-V_C、H_2O_2 诱导的 MDA 生成，抑制 H_2O_2 诱导产生的红细胞溶血和肝脂质过氧化作用，以及阻止 Fe 诱导卵黄蛋白低密度脂蛋白的氧化作用，显著降低小鼠肝、肾、脑的 MDA 含量，提高肝和血浆中 SOD 和 CAT 酶的活性，这表明蓝莓果渣所含的黄酮类成分具有较高的抗氧化活性。也有实验证明，花青素是迄今为止所发现的最强效的自由基清除剂，花青素的抗氧化效果是 V_C 的 20倍，是 V_E 的 50 倍。最近美国的一份研究报告指出，蓝莓所含有的花青素是所有水果与蔬菜之中含量最高的，而蓝莓的花青素最丰富的部分就是在它特有的紫色果皮部位。

1999 年在日本的抗癌食品名单上蓝莓名列前茅，原因是蓝莓果实含有丰富的多酚类物质，这些物质可使癌细胞急速增殖的酶活性受到抑制。在蓝莓果实中含有较多的绿原酸，野生种中黄色槲皮苦素和杨梅酮的黄酮醇配糖体，这几类物质都有抗癌和抗肿瘤的作用。蓝莓的叶酸能预防子宫癌，并对孕期胎儿的发育大有益处。蓝莓中的没食子酸对体外肝癌细胞的培养具有显著的抑制力，能延长荷艾氏腹水癌小鼠的生命，对加入亚硝酸钠所致的小鼠肺腺癌有强烈的抑制作用。此外，蓝莓果肉中含有的少量石细胞，可预防大肠癌。

5. 降低胆固醇，预防心脑血管疾病

蓝莓的果胶含量很高，能有效降低胆固醇，防止动脉粥样硬化，促进心血管健康。李颖畅指出，蓝莓的花青素具有降血脂和抗氧化生物活性，能降低动脉硬化发生的危险性，它还可以阻碍由胶原和花生烯酸等引起的血小板凝固，从而有预防血管内血小板凝固引起脑血栓的功效。同时还可以保护血管，增强血管的抵抗力，降低毛细血管的脆性，保持血管的通透性，增强毛细血管、静脉、动脉的机能，增进系统循环，降低心血管疾病的发病率。蓝莓中含有丰富的钾，可以调节体内的液体平衡，维持神经肌肉的应激性和正常的血压及心脏功能。

6. 其他保健功能

早在 900 年前，人们便将蓝莓用于治疗腹泻、痢疾，以及因缺乏 V_C 导致的坏血病等。在瑞典，用蓝莓来治疗儿童腹泻，已经是

成功经验。蓝莓的叶子和果实也被人用来止血和消炎，以及治疗口腔黏膜炎症等。蓝莓中的花青素，能防止细菌附着在尿道的细胞壁上，具有抗尿路感染的作用。如美国妇女常用蓝莓汁来调制鸡尾酒，经常饮用以抵抗泌尿系统感染、心脏疾病和延缓衰老。蓝莓中含有丰富的维生素，可促进创伤和骨折愈合，增加机体的抵抗力，促进造血，参与解毒等。蓝莓中含有的黄酮类化合物如金丝桃苷、异槲皮苷、槲皮苷等对人体有镇咳、去痰、降压、抗菌等作用。日本宫崎大学的研究人员 2009 年 8 月 8 日宣布，他们在蓝莓的叶子中发现一种名为原花青素的物质可以阻止丙肝病毒的复制，从而达到延缓或阻止疾病发作的目的。此外，瑞典卡罗林斯卡医学院对 10 名糖尿病患者和 10 名健康人进行试验，让他们分别饮用不含任何添加剂的蓝莓果汁，结果发现，他们的血糖值都没有明显增加，说明蓝莓是适合糖尿病患者食用的健康食品。

三、蓝莓的经济效益与发展趋势

（一）经济效益

正是由于蓝莓独特的风味及营养价值，其鲜果及其制品作为一种功能保健食品风靡世界各地，而且价格昂贵。在美国，鲜果大量收购价每千克为 2.0~2.5 美元，市场零售价达每千克 10 美元。在日本，蓝莓鲜果作为一种高档水果供应市场，只有富有阶层才能消费食用。尽管日本的栽培面积已达 $400hm^2$，仍远远不能满足市场需求，需每年从美国大量进口。市场零售价格达每千克 10~15 美元。蓝莓浓缩汁国际市场价为每吨 3 万~4 万美元，是苹果浓缩汁的 30~40 倍。

（二）生产现状

1. 中国蓝莓种植面积和产量

自 20 世纪 80 年代开始，蓝莓种植传入中国。蓝莓的种植初期发展较为缓慢，后期发展迅速，种植面积在 2004~2013 年的 10 年间由 118hm² 增加到 20366hm²，增加 173 倍，并且栽培面积在 10 年内，上升态势极为显著。同时，蓝莓产量在 2004～2013 年的 10 年间快速上升，2004 年蓝莓产量仅为 71.5t，至 2009 年增加至 1773t，年均增长率达到 190.06%，至 2013 年蓝莓产量达到 15130t，是 2004 年蓝莓产量的 212 倍。

2. 中国蓝莓加工及出口现状

我国大、小兴安岭和长白山等地区有利用中国东北野生蓝莓进行加工的历史，在 20 世纪 50 年代，即有野生蓝莓、红豆越橘、树莓等的加工产品，但一直以来产品的影响范围很小，消费者对产品的认知，对蓝莓等果实的营养保健价值的认识水平都不高，一直未形成产业。20 世纪 80 年代，蓝莓加工研究工作有所发展，也有新产品出现，但产业发展缓慢。直到 21 世纪初，随着研究的深入，人们对蓝莓营养价值的了解，以及世界范围的蓝莓热，我国蓝莓加工业进入快速发展期，2000 年前后，仅有野生蓝莓产地附近的几家企业少量生产加工品，销售也仅局限在局部市场。到 2010 年，进行蓝莓加工的企业已超过 100 家，产品有 10 多个大类几百个品种。

目前我国蓝莓加工主要产品类型中果酱、烘焙食品及糖果占比最大，共占蓝莓总产品的 53%，果冻及果酒占比最小，分别占 6%、9%。蓝莓加工品的发展同样提高了果实的利用率，丰富了产品类型，至 2013 年，加工企业已超过百家，生产花青素的企业也已达 20 家。然而由于蓝莓产品的数量有限，大多用于出口。鲜果仅有 10% 用于国内北京及上海等一线城市消费，其他 90% 均用于出口日本；小部分冷冻加工后出口欧洲及日本；冻果约 80% 出口欧洲和美洲；而蓝莓提取物几乎 100% 出口欧洲。

3. 中国蓝莓品种类型

不同产区根据各自的气候条件选择不同的品种进行产业化栽培生产。我国栽培蓝莓以北高丛蓝莓居多，占蓝莓栽培总数的 37%，矮丛蓝莓和兔眼蓝莓均占总数的 20%，半高丛蓝莓占总数的 15%，其中南高丛蓝莓占比最少，仅占总数的 8%。矮丛蓝莓和半高丛蓝莓主要在东北地区的吉林省、黑龙江省和辽宁省栽培；北高丛蓝莓主要在沿海地区的胶东半岛、辽东半岛、苏北地区和云南部分地区栽培；兔眼蓝莓和南高丛蓝莓主要在浙江、贵州和云南地区栽培。主要栽培的品种南高丛品种有"夏普兰""奥尼尔"和"密斯梯"；兔眼蓝莓主要品种有"粉蓝""园蓝""梯芙蓝"和"顶峰"；北高丛品种有"都克""蓝丰""埃利奥特""达柔"和"伯克利"；半高丛品种有"北陆""北蓝"和"圣云"；矮丛蓝莓品种有"美登"和"芬蒂"。在长江以北地区，"蓝丰""北陆"和"美登"已成为三大主栽品种，据 2005 年统计，其栽培面积分别占北方栽培面积的29%、15% 和 13%。

4. 设施蓝莓现状

利用日光温室和冷棚设施进行反季节栽培生产，鲜果提早上市已成为我国蓝莓生产的一大特点，并展现出巨大的市场潜力。进行早中晚熟品种合理搭配，温室栽培果实采收期可以提前到 3 月底至 5 月中旬，冷棚生产果实采收期为 5 月中旬至 6 月下旬，而露地生产为 6 月底至 8 月底。三种栽培模式配合，可以实现全年连续 6 个月的鲜果供应期。另外，与露地生产相比，设施生产中蓝莓的生长期延长，花芽分化好，产量可提高 30%，鲜果商品果率提高 30% 以上。日光温室生产从 2001 年试验栽培开始，在我国蓝莓设施生产从仅有的 $0.13hm^2$ 发展到 2007 年的 $30hm^2$，2008 年以后快速发展，至 2015 年面积达到 $560hm^2$，产量达到 1470t。其中，栽培面积和产量以山东省最高，分别为 $300hm^2$ 和 1000t；辽宁省位居第二位，分别为 $250hm^2$ 和 450t。然而，辽宁省由于秋季进入低温的时间较早，可以较早满足蓝莓的冷温需要量，因此，可以提早升温，果实提早成熟，获得更高的市场效益，致使最近 2 年来日光温室栽培面积增加相对迅速。而吉林省由于冬季温度过低，加温效果差且成本高等劣势，日光温室生产一直没有增加。

在辽东半岛和胶东半岛，蓝莓冷棚生产除了具有果实提早成熟15～20d、果实市场商品率提高的优势外，作为蓝莓植株越冬抽条的一种防御措施显现出无可比拟的优势。特别是进入丰产期，树体高达 2m 左右，人工埋土防寒等方法操作变得极其困难，因此，冷棚栽培在最近 5 年来得到快速发展。栽培面积由 2001 年的 1hm²

发展到 2007 年的 12hm² (2007 年产量为 50t), 2008 年以后发展快速, 面积达到 1165hm², 产量达到 6030t。其中, 面积和产量仍然以山东省位列第一位, 分别为 1000hm² 和 5000t。辽宁省位列第二位, 分别为 150hm² 和 1000t。

(三) 存在问题与解决措施

1. 自然灾害

(1) 越冬抽条 越冬抽条是东北地区蓝莓栽培中最主要的问题, 如果不采用越冬保护措施, 从辽宁省的大连到黑龙江省的伊春等所有东北地区范围内, 无论是矮丛蓝莓还是高丛蓝莓和半高丛蓝莓露地越冬后都会出现严重抽条, 表现为地上部无论是多年生枝条还是一年生枝条全部抽条干枯。与蓝莓的原产地北美地区的海洋性气候相比, 我国属于典型的大陆性干旱气候特征, 冬季低温、干旱少雪、空气湿度小而引起生理干旱造成抽条。2010~2011 年冬, 由于少雨干旱、空气湿度极低, 山东产区也发生了严重的越冬抽条, 造成严重减产。目前, 采用埋土防寒是最为理想的方式, 在辽南地区温室和冷棚栽培既可以防止越冬抽条又可以提早成熟。其他方式如在雪大的地区堆雪防寒、在辽南地区采用塑料袋和稻草帘绑缚树体防寒都可以使用。

(2) 降雨过量 中国蓝莓的主产区如辽宁省的丹东和长江流域在蓝莓生产中的一个主要问题是果实成熟期降雨过量。丹东地区的年降雨量在 900~1200mm 之间, 而且果实成熟期的 7 月中旬到 8 月中旬正好是汛期, 降雨量占全年降雨量的 30% 以上。降雨量过大造成果粉受损、果实外观不好、糖度降低、裂果、贮藏性能降低和果实采收困难等一系列问题。果实的风味和品质也大大降低。据测试, "蓝丰" 品种的含糖量在丹东地区仅为 8%, 而在烟台地区可达 13%。2015 年, 在上海和浙江产区, 由于降雨量过大和持续时期过长, 造成 30%~50% 的产量损失, 特别是上海和浙江一带, 黏重土壤种植园由于排水困难, 长期积水而引起大树死亡。

北方利用设施生产、南方采用避雨栽培模式是最佳的解决方案, 另外一个途径是利用早熟和晚熟品种避开雨季果实成熟。例如丹东地区晚熟蓝莓"埃利奥特""晚蓝""利伯蒂"和"奥罗拉"等晚熟品种，果实成熟期是8月上旬到9月中旬，正好避开雨季，且实现晚熟鲜果供应市场，值得推广。

(3) 花期低温和高温伤害　花期低温伤害只是偶尔发生，2007年春季在东北地区的长春发生一次花期低温伤害。吉林农业大学实验园由于花期低温和温度骤变造成了严重危害，坐果率降低和果实发育受阻形成僵果。对36个品种进行调查，受害果率为8.2%～100%。其中19个高丛蓝莓品种、9个半高丛蓝莓品种和8个矮丛蓝莓品种的三级受害（70%～100%果实受害）果率分别为65%、78%和60%。

在胶东半岛的青岛至连云港一带的蓝莓产区，花期干热风对蓝莓坐果的影响很大。2014年4月末，突然间持续三天的高温（28～30℃）导致在这一产区正值盛花期的品种如"北陆"和"布里吉塔"发生严重的坐果不良或者坐果后果实发育不良的现象，僵果或者不能正常成熟的果实比例高达30%以上，有的蓝莓园甚至绝产。2015年也有不同程度的发生。

除了园地选择避免不利气候条件外，采用喷灌方式是解决花期温度伤害的有效措施。根据天气预报的情况，当低温或高温出现时，采用喷灌喷雾调节果园温度，增加湿度可以有效提高坐果率。另外，果园薰烟也可以有效避免花期低温伤害。

2. 有机质供应不足

土壤有机质含量不足和改良土壤的有机物料缺乏是制约蓝莓生产的一个主要问题。蓝莓栽培要求土壤有机质含量至少在5%以上，最好12%～18%。就目前我国的蓝莓产区，除了长白山和大小兴安岭地区的森林土壤和草炭土壤类型外，都面临土壤有机质含量不足的问题，大部分地区土壤有机质含量在1%以下。利用草炭土增加土壤有机质含量是目前蓝莓生产中土壤改良的最佳方式，但我国草炭土资源主要在东北地区的长白山和大小兴安岭地区，长距离运输大大增加了建园成本。据估测，在山东产区，利用草炭土改良土壤的投入占整个建园成本的近1/4。锯末和松树皮等可以替代草炭土，但由于我国森林保护木材产量下降，再加上锯末等用于木材二次加工和蘑菇生产等原因，使得这一资源供应量严重不足而且价格居高不下。为了解决这一问题，吉林农业大学利用各种作物秸秆作为改良土壤的有机物料做了研究，证明玉米秸秆是参试材料中最有效的替代草炭土的有机物料。其他作物秸秆也可以使用，但使用过程中需要注意两个问题，一是秸秆要粉碎，二是要加入相当于秸秆重量的 2% 的尿素补充氮源。

3. 栽培中存在的问题

2008 年以前，种植面积较小、种植的企业对技术把握的比较到位，相对来讲，种植技术上存在的问题比较少。而 2008 年以后，全国各地蓝莓发展快速，由于对蓝莓种植技术把握不到位或者违背科学规律种植，导致种植失败的案例很普遍。

(1) 品种问题 主要表现在 3 个方面，一是没有按照区域化的原若选择适宜本地区种植的品种，如南方产区的四川、广西等地种植北高丛品种、半高丛品种甚至矮丛品种。二是盲目追求新品种或者迷信"专利品种"。2008 年以来，我国蓝莓生产上陆续推出了 30 余个甚至更多的新品种，但是在生产实践中证明新品种不见得就是好品种，以北方产区为例，经过 15 年的实践，特别是市场的验证，2000 年确定的"都克""蓝丰"和"北陆"依然是目前种植者选择的主导品种。目前仍然没有能够完全替代它们的优良品种。三是同种异名的现象比较严重，特别是给早已命名的品种重新起名或者编号，给生产者带来了品种选择的混乱和迷惑。品种的选择要根据区域化和主导品种的原则来确定。

(2) 苗木质量 由于营养钵不够规格造成的老化苗木和断根苗、育苗基质问题导致的半根苗木给生产造成的危害是最近五年来蓝莓种植失败最主要的原因之一。生产种植选择符合规格的 2 年生苗最佳，如果选择 3 年生苗，营养钵必须满足北方产区达到口径 16cm 以上，南方产区达到 20cm 以上。苗木质量不好种植以后新根发根缓慢，甚至不发新根，成为不死也不长的"僵苗"。在苗木选择上，应该选择根系发达完整、须根和吸收根多的苗木，另外，尽可能避免为了追求种植效果和早期丰产而采用的"大树移栽"。

(3) 土壤改良 对蓝莓来讲，土壤疏松、透气和排水良好是重要的要素。在南方产区如四川、长江流域的黏重土壤种植蓝莓有机质投入不足或者土壤改良方式不到位导致种植失败的比例很高。一是全园改良有机质等投入不足，土壤依然黏重；二是起垄栽培后在垄上采用"穴改"方式，定植1～2年内改良穴中能够满足根系发育的要求，但到了第三年根系到达改良土壤的最外围位置时，由于排水不良产生的"泥盆效应"会导致树体沤根和烂根，生长发育不良甚至死亡。而加大土壤改良力度，采用全园改良方案是解决这一问题的唯一途径。

由于以上3个主要问题导致最近5年来蓝莓种植总面积的约40%种植失败，30%属于低产园，约30%属于中等水平，能够达到标准的蓝莓园不足10%。

(四) 发展趋势

在世界范围内，蓝莓的栽培面积逐步扩大，蓝莓生产向着高度企业化、规模化和产、供、销一体化的方向发展。

由于蓝莓小浆果的经济效益较高，种植面积迅速增加，北美地区年增加速度为30%，南美地区为50%，东欧国家为30%。蓝莓栽培规模化、企业化和生产、包装加工和销售一体化，能够根据生产的目的，确定栽培品种，鲜食型品种，选择果实大、风味佳、耐贮运品种；而加工型品种，注重加工品质。例如在蓝莓规模化和企业化方面，美国的Oceanspray公司是世界蔓越橘最大的种植生产商，控制了美国80%的生产基地；加拿大国际蓝莓公司，栽培10000英亩（1英亩＝4046.86m²）；在公司生产的一体化方面，美国的Oceanspray公司的蔓越橘栽培，加工和销售统一由公司负责和管理。

中国蓝莓的国际和国内市场存在着巨大的发展潜力。目前许多跨国公司已经与我国合作，将在我国蓝莓生产的企业化、规模化和一体化方面发挥一定的作用。如日本环球贸易公司与吉林农业大学合作，开展了"大果鲜食蓝莓的产业化生产"。德国的拜尔纳瓦德公司已经在中国投资建厂，进行小浆果的生产和加工。

但与国外发达国家100多年的科研和产业化生产相比，我国蓝莓产业才刚刚起步，在蓝莓国际化贸易的大背景下，面临着严峻的挑战，蓝莓大面积产业化生产和完善的产品市场建设要求迫切，同时也在优良品种选育、绿色无公害优质丰产栽培技术、果实采收和加工技术等方面向我们提出了新的更高的要求。今后一段时期内发展蓝莓生产应注意以下问题。

1. 加强优良品种的选育，尤其是具有自主知识产权品种的选育工作

目前我国蓝莓生产中应用的品种几乎全部是国外引进的品种。20世纪90年代以来，美国培育的蓝莓品种达到80%以上申请了专利。随着中国签署加入知识产权公约，对于我国未来蓝莓生产中新品种的使用将造成极大的限制。近20年来，以吉林农业大学为首的科研单位从美国等国家引进了大量的蓝莓优良品种，并对引进的品种进行了筛选，审定了一些优良品种，并在生产中推广应用。虽然引种可以节省很多时间和资源，但从蓝莓产业的长远发展来看，我国必须重视蓝莓育种工作，在引进优良品种的基础上，充分利用好我国野生蓝莓种质资源的收集、保存和利用，加强蓝莓品种的选育工作，积极开发具有自主知识产权的专利品种。这是保证我国蓝莓产业良性可持续发展的重要保障条件。否则，发达国家通过品种授权就可以为我国蓝莓产品的出口制造障碍。针对这一问题，以吉林农业大学牵头的农业部国家公益性行业（农业）重大专项，小浆果专项团队从2007年开始就启动了全国性的联合育种计划，通过实生选种、常规杂交育种、太空育种和分子育种等手段，选育出了100余个优良单株，确定了30余个优良品系，2015年江苏省中国科学院植物研究所选育出了2个具有自主知识产权的新品种。未来5~10年，我国具有自主知识产权的蓝莓优良品种将陆续推出。

2. 优质丰产配套栽培技术和安全生产技术

目前我国蓝莓的栽培技术还不完善，栽培技术研究的基础还很薄弱，使目前我国蓝莓果品原料的生产品质较差，在国际市场上缺少竞争力。欧洲和日本等国从中国进口蓝莓产品均要求通过有机认证，而我国除了野生蓝莓产区获得认证外，人工栽培产区很难获得有机认证。美国和欧洲各国在长期的产业发展过程中，形成了完整的优质丰产技术，包括土壤改良与管理技术、合理施肥灌水、修剪和病虫害防治等技术。引进这些技术并进行消化吸收，可以极大提高我国蓝莓的栽培管理水平。蓝莓果品原料的生产安全问题应当引起足够的重视。新建的蓝莓生产基地首先应通过有机食品产地认证，积极筛选抗病品种，加强蓝莓病虫害的安全防治工作，逐步增加蓝莓有机产品的生产比例，以适应国际市场贸易的需求。

3. 蓝莓生产中的机械化程度越来越高

劳动力短缺成为中国蓝莓产业发展的主要障碍。蓝莓属于劳动密集型产业，尤其是果实采收，以鲜果为目标生产时必须人工采收，而由于人口出生数量下降、城市化和城镇化农村劳动力的转移，导致从事农业生产的劳动力严重短缺和不足。除了政策因素以外，研究"机械化、省力化、精简化"栽培技术是解决这一问题的关键。吉林农业大学结合生产实际，研究了"蓝莓机械化开沟土壤改良""蓝莓合理密植与精简化修剪技术"和"蓝莓水肥一体化"关键技术，并应用于生产，取得了良好的效果。发达国家蓝莓采收早已实现了机械化，但是机械化采收存在两个主要问题，一是我国大部分蓝莓种植在山地或丘陵，不适宜大型机械应用；二是机械化采收导致果实的耐贮性下降且产量损失约30%。因此，研发适应我国地理条件的小型采收机械是解决这一问题的根本。

4. 引进先进的贮藏保鲜和果实加工技术，完善加工技术市场

随着我国蓝莓产业的持续发展，果品的贮藏加工技术必须要及时跟上产业的发展。我国现有的蓝莓采后和加工技术相对落后，加工基础薄弱，极大地阻碍了我国蓝莓产业的顺利发展。我国现阶段蓝莓产品的加工设备和工艺多是在引入的基础上开发研制的，但是种类多集中于常规加工，对一些新科技项目还在探索中，如色素提取、果粉胶囊等保健品的研制，尤其是新兴的固体果蔬粉加工品，利用超微粉碎技术、微胶囊技术，鲜果可以经过低温干制粉碎后制成蓝莓果粉，极易被人体吸收，营养成分更高，且便于贮藏运输，被广泛地应用于婴幼儿食品、糖果制品、烘焙类制品等。这些产品多适宜经济收入高、对新产品接受能力较强的群体，比一般的深加

工品增值空间要大，企业可以抓住机遇，紧跟国内外果蔬加工发展的新趋势，采用新型加工设备，利用微胶囊技术、微粉碎技术等进行蓝莓果粉制作，使其更易贮存、吸收，增值空间更大。另外，鲜果的采后贮藏运输技术、保鲜技术需要加强，具体如气调贮藏、机械冷藏、超声波处理等在今后的一段时间内可以成为研究重点。应在引进加工技术的同时，引进相关的质量检测设备与技术，如杂质快速检测、农残检测技术和设备以及质量管理标准，通过消化吸收，研究制订出适宜我国国情的蓝莓加工产品质量管理技术体系。

5. 合理调整蓝莓栽植区域，推荐蓝莓栽培区域化

所谓蓝莓品种区域化是指在不同生态地区选择适宜当地生态条件的最佳品种。蓝莓抗寒性较强，适宜在酸性土壤、有机质含量高、肥沃疏松的地块栽培；喜湿润、抗旱能力差，需要有较好的灌溉条件。但不同品种对气候和土壤条件的要求有一定的差异。中国幅员辽阔，有着大面积的可种植蓝莓的土壤，只要对其 pH 值稍做调整就可种植，特别是在长江以南各地的红黄壤酸性土地区更适宜种植。根据区域化试验结果，我国各地土壤和气候条件及引种表现和品种资料，我国蓝莓生产可以规划为以下几个产区。

（1）长白山、大小兴安岭产区　长白山、大小兴安岭地处高寒山区，恶劣的气候条件致使许多果树难以成规模栽培，但发展蓝莓却有得天独厚的优势。吉林农业大学经过 20 余年的引种研究，选出的优良蓝莓品种抗寒能力极强，可以抵抗－40℃以上的冬季低温，另外，选出的矮丛抗寒品种多树体矮小，一般 30～80cm，长白山、大小兴安岭地区冬季大雪可以覆盖植株 2/3 以上，可确保安全越冬。长白山、大小兴安岭地区多为有机质含量高、疏松、湿润的酸性土壤，适合蓝莓生长，成为目前我国蓝莓的优势产区之一。

长白山区栽培蓝莓具有以下几个优势。①土壤酸性、有机质含量高、降水丰富均匀，可以极大地降低建园成本。目前各个产区由于缺少有机质，大量使用东北的草炭土进行土壤改良，再加上水利设施等，建园成本高出长白山地区一倍以上。②以晚熟为目标的鲜果生产是其他任何地区不可比拟的优势。目前北方鲜果生产栽培的品种"公爵"和"蓝丰"在山东产区 6 月中旬至 7 月中旬果实成

熟,辽宁省7月成熟,而长白山区是8月初至9月初成熟。而此时正是全国蓝莓市场鲜果的供应断档期,此时期生产的鲜果市场价格高、竞争力强。③蓝莓加工特用矮丛蓝莓品种在辽宁省以南地区由于气候问题不宜栽培,在长白山区栽培产量高、品质佳,有不可竞争的发展潜力。④长白山地区冷凉的气候使病虫害发生的危害很少或没有,土壤肥力高,工业污染少,完全可以生产有机产品。

在该产区中,无霜期≤90d的地区,如漠河、加格达奇、伊春等,以矮丛蓝莓"美登""芬蒂"和半高丛中的"北春"为主,加工栽培。

无霜期90~125d的地区,以矮丛和半高丛的"北陆""北蓝""蓝金"为主。无霜期125~150d的地区如吉林省的集安、图们、临江,利用地区优势以晚熟鲜果生产为主,果实采收期7月20日至9月10日,品种配置"公爵""北卫""蓝塔""瑞卡"和"蓝金"。

(2) 辽东半岛产区 辽东半岛的丹东到大连,土壤为典型的酸性沙壤土,年降水量600~1200mm,无霜期160~180d,是栽培蓝莓较为理想的地区。但由于冬季的极端低温、干旱少雪等原因,蓝莓越冬抽条严重,因此需要考虑越冬防寒的问题。该产区由于优异的酸性沙壤土和充沛的降水量以及比较理想的无霜期条件,已经成为我国目前北方蓝莓的优势产区之一。

露地栽培果实的成熟期在7月初至8月底,正好是胶东半岛露地生产果实采收末期,可以利用地域差异生产鲜果供应市场,露地生产栽培鲜食品种以"爱国者""公爵""蓝丰"为主,晚熟品种"晚蓝""埃利奥特"可以实现8月初至9月初供应市场鲜果,具有较强的市场竞争力。

2009~2013年吉林农业大学在丹东产区的区域试验表明,"蓝塔""瑞卡"和"普鲁"3个品种在该产区表现优良,可以考虑生产上使用。在该产区中,半高丛品种中的"北陆"表现出极强的适应能力,高产和连续丰产,果实品质佳,加工性能好和栽培管理容易,以加工为目标栽培时,是最为理想的品种;如果以鲜食为目标,则需要重剪控制产量,丰产期产量控制在3~4kg/株,增大果个。该产区露地生产中果实成熟期7~8月正值雨季,果实采收困难,尤其是以鲜食为生产目标时,由于降雨造成果实的贮运能力下降。因此,建议采用冷棚栽培,既可以提早成熟,又可以提高鲜果的商品率。

此区是大樱桃和草莓的反季节栽培主产区,可以利用现有的设施条件大力推广蓝莓设施栽培。在温室中生产蓝莓,该产区由于入秋早、解除休眠早,比胶东半岛可以提早15~20d成熟,采用自然升温,"蓝丰"可以在4月初至5月中旬采收,如采用人工简单供热提高温度,可提早到3月中旬,具有很强的市场竞争力。该产区是目前我国蓝莓温室反季节生产优势产区,建议品种配置"公爵""蓝丰"和"蓝金",可适当考虑"北陆"。

(3) 胶东半岛蓝莓产区 胶东半岛的威海到连云港地区,土壤为酸性沙壤土。典型的海洋性气候,年降水量600~800mm,无霜期180~200d,冬季气候温和,空气湿度大。适宜所有北高丛蓝莓品种栽培生产,在此区北部的烟台均可以安全露地越冬,无抽条现象,青岛以南地区部分南高丛蓝莓和兔眼蓝莓品种也可以安全露地越冬。目前此区是我国北方蓝莓的露地最佳优势产区之一。露地生产6月中旬至7月中旬供应鲜果。主要建议品种:"公爵""蓝丰",适当增加"北陆"和"瑞卡"的比例。晚熟品种"达柔""晚蓝""埃利奥特"的成熟期与辽东半岛地区的"公爵"和"蓝丰"的露地生产成熟期冲突,而且果实成熟期正值雨季,影响果品质量,不宜应用。

本产区由于需冷量问题,日光温室生产比辽东半岛晚熟15~20d,而露地生产早15~20d,因此,蓝莓鲜果的供应期比辽东半岛少了一个多月。因此,温室生产和辽东半岛相比不具优势,但果实仍能在4月下旬至5月中旬成熟上市,具备较强的市场竞争力,在此区内采用普通的冷棚栽培,投入只有温室栽培的1/4,"蓝丰"品种可以提早到5月中旬至6月中旬采收上市。将此区规划为蓝莓鲜果冷棚生产主产区。温室和冷棚栽培品种以"公爵"和"蓝丰"为主。其他品种如"瑞卡""蓝塔"和"爱国者"可以适当栽培。

在特殊的年份,如2010~2011年冬季,由于干旱少雨,空气湿度极小，山东产区蓝莓发生了严重的越冬抽条，因此，该产区依然面临着越冬抽条的威胁而不得不每年采取越冬防寒措施。

（4）长江流域产区 长江流域的上海、江浙、安徽和湖南、湖北一带，湿润多雨，土壤多为酸性的黄壤土、水稻土和沙壤土，夏季高温，南高丛蓝莓和兔眼蓝莓具有耐湿热的特点，可在此区发展。此区蓝莓发展可供加工和鲜食兼用。以露地生产早熟品种供应市场为目标，在此区域内，南高丛品种4月末至6月初、兔眼品种6月初至8月中果实成熟，早中晚熟配套可以实现露地生产5个月的果实采收期。品种配置：长江以北到淮河以南地区为南方品种和北方品种混生区，栽培品种为"奥尼尔""密斯梯""雷戈西""布里吉塔""灿烂""巨丰""粉蓝""公爵""北陆""蓝丰"。长江以南地区种植南方品种为"奥尼尔""比乐西""密斯梯""雷戈西""布里吉塔""灿烂""巨丰""粉蓝"。

然而，在这一产区存在的问题也相当严重。一是很多土壤的黏重程度比较高，需要加入大量的有机质、河沙等改善土壤结构，极大地增加了土壤改良的成本。二是由于降雨量过大，始终面临内涝的威胁，特别是江浙和上海一带，果实成熟期恰逢梅雨季节，不但影响果实品质，而且采收困难，建议采用避雨栽培模式加以解决。

（5）华南产区 以广东、广西、福建沿海为主，该产区是目前我国新发展的产区，栽植面积不大，该产区栽培主要注意的是要选择冷温需要量较低的品种，靠南的地区以南高丛蓝莓品种为主，靠北部的地区发展南高丛蓝莓和兔眼蓝莓品种，主要建议品种："奥尼尔""密斯梯""雷戈西""布里吉塔""灿烂""巨丰""粉蓝"。在此区域内果实成熟期为5月初至7月底。以生产鲜果供应本地市场、东南亚市场、中国的台湾和香港市场为目标。

（6）西南产区 近几年来，云南、贵州和四川的蓝莓产业发展很快。此地区土壤为酸性红壤土、黄壤土或水稻土，沙壤土较少，气候条件变化多样，无霜期从190d（丽江）到350d（临沧）不等，几乎适宜所有的蓝莓品种生长。此产区应该根据各地的气候条件和生产目标以及社会经济发展条件因地制宜发展。由于特殊的气候条件和地理位置，果实成熟期较早，南高丛蓝莓4月末至6月初，兔眼蓝莓6月初至8月中旬。此产区的主要生产目标是：利用区域差异优势进行蓝莓露地生产，提早供应鲜果市场，这是北方产区无可比拟的优势。特别是云南省具有海拔高、紫外线强、光照充足的特点，生产的蓝莓果实皮厚、甜度高、耐贮运，可以依据此区域不同的海拔高度合理配置南高丛、北高丛或兔眼蓝莓品种，产区优势明显。

目前西南产区形成的集中产区主要有：云南的澄江、玉溪、丽江、曲靖、大理，四川的成都地区，贵州的黔东南地区。

西南产区存在的主要问题是大部分土壤黏重，进而导致土壤改良成本增加，降雨季节容易发生涝害。另一个问题是需冷量较少的南高丛品种如"奥尼尔"和"密斯梯"二次开花现象严重，云南澄江地区可高达70%，严重影响第二年的产量。另外，贵州产区存在花期霜害的风险。

目前，除以上主产区外，海南也开始种植蓝莓，在这一地区，最关键的是解决冷温需要量的问题，低冷温需要量的品种如"比乐西"可能是最佳的选择。

第二章
蓝莓设施的结构类型与建造

一、主要设施类型

在蓝莓设施栽培中，目前生产中应用较多的主要有塑料日光温室设施、单栋塑料大棚设施、连栋塑料大棚设施等。

（一）日光温室

日光温室由后墙、后屋面、前屋面和保温覆盖物四部分组成。日光温室跨度一般在 7～9m，墙体厚度为 1m，脊高 3.3～4.0m，后墙为砖土两层中间夹一层苯板结构，高度 1.8～2.4m，温室长度 80～100m，每栋温室占地 1 亩（1 亩＝667m²）左右；前后温室间应有一定的间距，间距不少于温室高度的 1.8 倍，以不遮光为原则。薄膜可用以聚乙烯为主要原料的 PE 无滴水塑料薄膜和以聚氯乙烯为主要原料的 PVC 无滴水塑料薄膜两种。常见的温室类型主要有竹木结构温室（图 2-1）、钢架结构温室（图 2-2）。

竹木结构温室，具有造价低、一次性投入少、保温效果较好等特点。

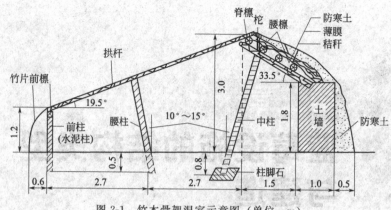

图 2-1　竹木骨架温室示意图（单位：m）

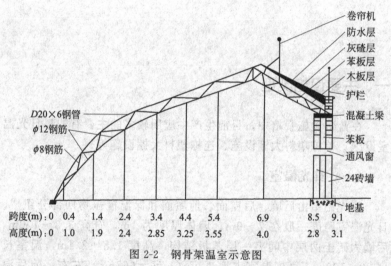

| 跨度(m): | 0 | 0.4 | 1.4 | 2.4 | 3.4 | 4.4 | 5.4 | 6.9 | | 8.5 | 9.1 |
| 高度(m): | 0 | 1.0 | 1.9 | 2.4 | 2.85 | 3.25 | 3.55 | 4.0 | | 2.8 | 3.1 |

图 2-2　钢骨架温室示意图

　　钢架结构温室的墙体为砖石结构，前屋面骨架为镀锌管和圆钢焊接成拱架，温室内无立柱，具有可利用空间大、光照好等特点。但相对竹木结构温室的一次性投入大，但维护费用较低。

（二）塑料大棚

　　塑料大棚通常没有墙体和外保温覆盖材料，促成栽培效果不如日光温室，具有白天升温快、夜晚降温也快的特点。塑料大棚充分利用太阳能，有一定的保温作用，并通过卷膜能在一定范围内调节棚内的温度和湿度。在密闭条件下，当陆地最低气温稳定通过 -3℃时，大棚内的最低温度一般不会低于 0℃。所以塑料大棚生产可在春季最低气温稳定通过 -3℃时，开始覆膜升温为宜。从塑料大棚的结构和建造材料上分析，在果树生产上应用较多和比较实用的，主要有以下几种类型。

1. 简易竹木结构大棚（图 2-3）

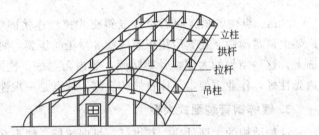

立柱
拱杆
拉杆
吊柱

图 2-3　竹木结构悬梁吊柱大棚示意图

主要以竹木为建筑骨架，是大棚建造初期的一种类型。这种结构的大棚，各地区不尽相同，但其主要参数和棚形基本一致，大同小异。大棚的跨度为 6～12m、长度 30～60m、肩高 1～1.5m、脊高 1.825m；按棚宽（跨度）方向每 2m 设一立柱，立柱粗 6～8cm，顶端形成拱形，地下埋深 50cm，垫砖或绑横木，夯实，将竹片（竿）固定在立柱顶端成拱形，两端加横木埋入地下并夯实；拱架间距 1m，并用纵拉杆连接，形成整体；拱架上覆盖薄膜，拉紧后膜的端头埋在四周的土里；拱架间用压膜线或 8 号铅丝、竹竿等压紧薄膜。其优点是取材方便，建造容易，造价低廉；缺点是棚内立柱多，遮光率高，作业不方便，寿命短，抗风雪荷载性能差。

2. 钢架无柱大棚（图 2-4）

骨架采用钢筋、钢管或两种结合焊接而成的平面塑料大棚架，上弦用 16mm 钢筋或 6 分管，下弦用 12mm 钢筋，纵拉杆用 9～12mm 钢筋。跨度为 8～12m，脊高 2.6～3m，长 30～60m，拱眨

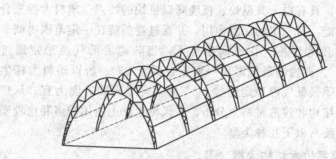

图 2-4　钢架无柱大棚示意图

1～1.2m。纵向各拱架间用拉杆或斜交式拉杆连接固定形成整体。拱架上覆盖薄膜，拉紧后用压膜线或 8 号铅丝压膜，两端固定在地锚上。这种结构的大棚，骨架坚固，棚内无立柱，抗风雪能力强，透光性好，作业方便，是比较好的设施；缺点是一次性投资较大。

3. 镀锌钢管装配式大棚

这种结构的大棚骨架，其拱杆、纵向拉杆、端头立柱均为薄壁钢管，并用专用卡具连接形成整体，所有杆件和卡具均采用热镀锌防锈处理，是工厂化生产的工业产品，已形成标准、规范的 20 多种系列产品。这种大棚的跨度为 4～12m，肩高 1～1.8m，脊高 2.5～3.2m，长度 20～60m，拱架间距 0.5～1m，纵向用纵拉杆（管）连接固定成整体。可用卷膜机卷膜通风、保温幕保温、遮阳幕遮阳和降温。这种大棚为组装式结构，建造方便，并可拆卸迁移，棚内空间大、遮光少、作业方便；有利于作物生长；构件抗腐蚀、整体强度高、承受风雪能力强。

4. 连栋塑料大棚

为解决农业生产中的淡、旺季，克服自然条件带来的不利影响，提高效益，发展特色农产品，钢管连栋大棚的应用是主要措施之一。

目前随着规模化、产业化经营的发展，有些地区，特别是南方一些地区，原有的单栋大棚向连栋大棚发展。就结构和外形尺寸来说，钢管连栋大棚把几个单体棚和天沟连在一起，然后整体架高。

主体一般采用热浸镀锌型钢做主体承重力结构，能抵抗8～10级大风，屋面用钢管组合桁架或独立钢管件。连栋塑料大棚质量轻、结构构件遮光率小，土地利用率达90％以上。优点在于集约化和可调控性。但是一次性投入大，生产成本高。北方地区，连栋大棚通风和清除雨雪困难，建造和维修难度较大。

二、设施设计与建造

（一）日光温室设计与建造

1. 日光温室的选址与规划

日光温室应选择地势平坦、光照好、土壤有机质含量高、排灌方便、水土空气无污染的地点建造。为了节省投资，便于管理，温室宜建在交通方便、水源充足的地方，以形成规模效益，便于组织销售。还应避开有毒的工厂、化肥厂、化工厂、水泥厂等污染严重的厂区，注意环境中水、土壤、空气的污染。在选择种植地块时要了解或测定土壤pH值和有机质含量。若是山地要尽量选择阳坡中、下部，坡度不宜超过15°，大于15°时要修筑最低8m宽的梯田。

2. 日光温室的建造

以钢架结构温室为例，其建造的主要技术环节如下。

（1）确定方位角 日光温室东西延长，坐北朝南。在北纬39°以南，冬季外界温度不是很低的地区，采取南偏东5°的方位角是适宜的；北纬41°以北，冬季外界温度很低的地区，采取南偏西5°的方位角，午后室内温度较高，可适当覆盖草苫，对夜间保温有利。北纬40°地区可采用正南方位角。利用罗盘测方位角，需要调整磁偏角。

磁偏角，用罗盘仪测量方位角时，受地球磁场的影响，指南针所指方向是磁子午线而不是真正的子午线。磁子午线与其子午线的夹角为磁偏角。真正能反映方位与采光量之间关系的是地球真子午线，所以用指南针确定温室方位时，对磁偏角要进行调整。我国北方主要城市磁偏角见表2-1。

地名	磁偏角	地名	磁偏角
北京	5°50′(西)	合肥	3°52′(西)
天津	5°30′(西)	兰州	1°44′(西)
沈阳	7°44′(西)	银川	2°35′(西)
大连	6°35′(西)	长春	8°53′(西)
济南	5°01′(西)	许昌	3°40′(西)
太原	4°11′(西)	徐州	4°27′(西)
西安	2°29′(西)	哈尔滨	9°39′(西)
包头	4°03′(西)	乌鲁木齐	2°44′(东)
郑州	3°50′(西)	武汉	2°54′(西)
呼和浩特	4°36′(西)	拉萨	0°21′(西)

日光温室前屋面采光角的计算方法如下。

日光温室前屋面与地平面的夹角称前屋面采光角，简称"屋面角"。当太阳光线与前屋面垂直（即入射角 $H_i = 0°$）时，透入温室内的光线最多。以冬至日正午时入射角 $H_i = 0°$ 为参数设计的前屋面采光角称理想屋面角。以北纬 40°地区为例，冬至日正午时的太阳高度角 $H_i = 26.5°$，日光温室的理想屋面角 $\alpha_1 = 90° - H_i - H_0 = 63.5°$，按理想屋面角建造的温室过于高大，在生产中并不适用。实际上，当入射角 H_i 在 0°~40°范围内变化时，随着入射角的增大光线透过率的下降幅度不超过 5%，因此以冬至日正午时入射角 $H_i = 40°$ 为参数设计的前屋面采光角称合理屋面角。以北纬 40°地区为例，合理屋面角 $\alpha_2 = 90° - H_i - H_0 = 23.5°$。按照合理屋面角建造的温室进行越冬生产在高纬度地区获得了成功，但在日照百分率较低，冬季阴天较多的低纬度地区温度却难以保证。因为按照合理屋面角建造的日光温室只是在冬至日正午前后短时间内透光率较高，而其他时段透光率偏低。所以专家总结提出合理采光时段理论，即在冬至前后一段时间内，每天从 10 时至 14 时，保证有 4h

阳光入射角≤40°，以此为参数设计的屋面角称合理采光时段屋面角，其简便计算方法为当地纬度减去 6.5°。仍以北纬 40°地区为例，合理采光时段屋面角 $\alpha_3 = 33.5°$。

(2) 确定前后排温室间的距离 为避免温室间遮光，前后排温室必须保持一定的距离。生产实践中通常用前排温室的高度（包括外保温覆盖材料卷起的高度）的 2 倍，再加上前排温室后墙的厚度，作为前后排温室的间隔宽度。

(3) 筑墙 温室山墙、后墙的厚度及使用材料对温室的保温效果影响很大。土筑墙体的（包括培土）厚度应超过当地冻土层的 30%。目前墙体多采用异质复合结构，即内墙采用吸热系数大的材料（如石头），以增加墙体的载热能力，对提高温室的夜间温度效果很好。外墙则采用隔热效果好的材料（如空心砖），也可采用在砖石墙中间放置聚乙烯苯板等作隔热材料，以减少温室的热量损失。后墙高度与温室脊高和后屋面仰角有关。如脊高 3.3m，后屋面水平投影 1.5m，后屋面仰角 31°，则后墙高度为 2.15m。

(4) 焊制与安装温室拱架 温室拱架通常用 $D20 \times 6$ 镀锌管作骨架上弦，用 $\phi 12mm$ 钢筋作下弦，用 $\phi 10mm$ 钢筋作拉花。半拱形骨架的前屋面角度，根据合理时段采光屋面角设计，计算方法为当地纬度减 6.5°，如北纬 40°地区进行采光设计，前屋面的夹角应为 $40° - 6.5° = 33.5°$。目前，前屋面和后屋面骨架通常一次焊接完成。后屋面仰角根据当地冬至日正午时的太阳高度角，再增加 5°～7°确定。如冬至日正午时的太阳高度角为 26.5°，日光温室的后屋面仰角为 31.5°～33.5°。安装卷帘机的温室骨架顶部不宜过平，以免出现保温覆盖物不能自动滚落的情况。

焊接好的拱架上端焊在后墙的顶梁上，下端焊在地梁上。每 80cm 立 1 个拱架，各拱架之间用拉筋连接固定（图 2-5）。

(二) 塑料大棚设计与建造

1. 塑料大棚的选址与规划

大棚多南北延长，可根据地形、道路和灌溉水道的方向适当调

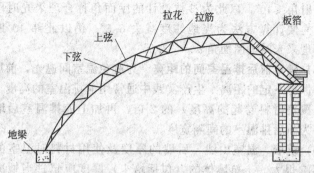

图 2-5　钢筋拱架的示意图

整，以便于灌溉和运输。单栋塑料大棚每栋大棚的面积在 1 亩（1 亩＝667m²）左右，长宽比等于或大于 5 为好，跨度通常以 10～12m 为宜。

建设大棚群时，为了有利于通风和运输，每排大棚的棚间距应达到 2～2.5m，相邻两排棚的棚头间距要达到 5～6m，每 4～5 排大棚设一交通干道，宽度应达到 5～6m。

为增强抗风能力，大棚外形以流线形为好，不宜采用带肩的棚形。大棚的高度与跨度的比值以 0.25～0.3 为宜，棚形可根据合理轴线公式进行设计。

$$Y = \frac{4FX}{L^2}(L - X)$$

式中，Y 为弧线点高；F 为矢高；L 为跨度；X 为水平距离。

例如，设计一栋跨度 10m、矢高 2.5m 的钢架无柱大棚，可每米设一点，按公式依次求出 1～9 点的高度，把各点连接起来即为棚面弧线。但按公式计算的弧面两侧偏低，不适宜果树生产，可取 Y_1 和 Y_2、Y_8 和 Y_9 的平均值作为实际的 Y_1 点、Y_9 点高度（图 2-6）。

2. 塑料大棚的建造

(1) 竹木结构悬梁吊柱大棚的建造　通常在秋季上冻前将建棚的场地测量好，整平，用测绳拉出四周边线。

①埋立柱。横向每排埋 6 根立柱（中柱、腰柱、边柱各 2

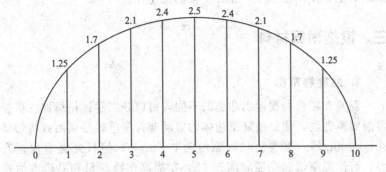

图 2-6　调整后的大棚弧面示意图（单位：m）

根），根据棚的宽度均匀分布。纵向每隔 3m 设 1 排立柱。

②安装拱杆。通常根据长度将 3 根直径 4～5cm 的竹竿连接在一起制成。下部两根竹竿从基部向上 1.25m 左右，用火烘烤成弧形，立即浸入冷水中定型。从两侧将拱杆插入边线土中 30cm 固定，向上将拱杆拉向各立柱顶端并固定住。

③上拉杆和吊柱。用直径 5～6cm 的杂木杆，固定在距立柱顶端 20～30cm 处，通过纵向连接立柱将整个大棚连成一体。同时在没有立柱处的拉杆上安装吊柱，用吊柱支撑此处拱杆（图 2-3）。

④埋地锚。在大棚两侧距边线 50cm 处，两排拱架之间，挖 50cm 深坑，将红砖或石块拧上铁丝，地表处铁丝呈环状，埋土压实用来固定压膜线。

(2) 钢架无柱大棚的建造

①制作拱架。大棚的高度和跨度确定后，按设计图焊制拱架模具，在模具上焊制大棚拱架。

②设置地锚。在大棚两侧的边线上灌注 10cm×10cm 地梁，在焊接钢拱架处预埋铁块，以备焊制拱架。

③焊接拱架。先将大棚两端的拱架用木杆架起，再架起中部一排拱架。然后在拱架下弦处焊上 3 道 φ14mm 钢筋作横向拉筋。然后逐一把各拱架焊接在地梁上，并用钢筋在拱架两侧呈三角形将

拱架固定在横向拉筋上，加强拱架的稳定性。

三、设施附属材料

1. 温室卷帘机

温室卷帘机根据输出功率的不同，可以分别卷铺保温被、草苫等温室覆盖物，使复杂繁重的体力劳动变得简单轻松，而且将每日 $30 \sim 40$min 的人工卷铺时间缩短为 $6 \sim 9$min，使日光温室快速升温，可使温室增加光照时间近 2h，在提高作物产量和品质方面收到很好的效益，并且草苫整体卷铺不易被大风吹掀，可延长草苫使用寿命 $1 \sim 2$ 年。温室卷帘机从卷铺形式上可分为 3 种，即牵引式、侧置摆杆式和双跨悬臂式。牵引式卷帘机由于安装复杂，需要经常维护而不被普遍采用。

2. 节水灌溉设备

我国现有温室大棚绝大多数采用传统的沟畦灌，水的利用率只有 40%，且增加棚室内的空气湿度，不利于设施生产。设施生产应采用管道输水或膜下灌溉，以降低空气湿度，最好采用滴灌技术。近些年来，我国改进和研制出了一些新的滴灌设备，如内镶式滴灌管、薄壁式孔口滴灌带、压力补偿式滴头、折射式和旋转式微喷头、过滤器、施肥罐及各种规格的滴、微喷灌主支管等，可以实现灌水与施肥结合进行。

节水灌溉主要包括滴灌、微灌、渗灌、微喷等形式。它与传统的漫灌方式相比，主要优点表现在：节约用水 50% 以上，减小棚内空气湿度，抑制土壤板结，保持土壤透气性，避免冬季浇水造成的地温下降，杜绝了靠灌溉水传播的病菌。同时可以通过灌溉追肥施药，省工省力。滴灌系统由于安装简单，一次性投入小而被普遍采用。

3. 二氧化碳肥系统

光合作用是绿色植物生命活动的基本特征，是栽培作物生长发育的物质能量基础。作物通过根系吸收水分和无机盐类，利用空气中的二氧化碳在日光照射下进行光合作用，生成有机物质。冬季由于温室密闭生产，日出后温室内的二氧化碳含量严重不足，直接影响了作物光合作用的效率，只有通过人为补充二氧化碳气体才可满足作物生长的需求。增施二氧化碳气体的设备有以下几种：①烟气二氧化碳增施设备：通过二氧化碳增施设备，将煤炉烟囱中的二氧化碳气体提炼出来，通过管道释放到温室中。②液化二氧化碳增施钢瓶：将酒精厂、石化厂的副产品二氧化碳气体，压缩、液化到钢瓶中，通过管道释放到温室中。③化学反应式二氧化碳增施设备：通过专用设备，将二胺（化肥）与62%稀硫酸混合反应，产生出的二氧化碳气体，通过管道释放到温室中。

4. 保温覆盖系统

覆盖材料依其功能主要分为采光材料、内覆盖材料和外覆盖材料3大部分。选择标准主要有保温性、采光性、流滴性、使用寿命、强度和低成本等，其中保温性为首要指标。

（1）采光材料 采光材料主要有玻璃、塑料薄膜、EVA树脂（乙烯-醋酸乙烯共聚物）和PV薄膜等。北方设施栽培多选择无滴保温多功能膜，通常厚度在$0.08\sim0.12$mm。

① 聚乙烯（PE）长寿无滴膜。质地（密度0.92kg/m^3）柔软、易造型、透光性好、无毒、防老化、寿命长，有良好的流滴性和耐酸、碱、盐性，是温室比较理想的覆盖材料，缺点是耐候性和保温性差，不易粘接，不宜在严寒地区使用。

② 聚氯乙烯（PVC）长寿无滴膜。无滴膜的均匀性和持久性都好于聚乙烯长寿无滴膜，保温性、透光性能好，柔软、易造型，适合在寒冷地区使用。缺点是薄膜密度大（1.3kg/cm^3），成本较高；耐候性差，低温下变硬脆化，高温下易软化松弛；助剂析出后，膜面吸尘，影响透光；残膜不可降解和燃烧处理。经过高温季节后透光率下降50%。

③ 乙烯-醋酸乙烯（EVA）多功能复合膜。属三层共挤的一种高透明、高效能的新型塑料薄膜。流滴性得到改善，透明度高，保温性强，直射光透过率显著提高。连续使用2年以上，老化前不变形，用后可方便回收，不易造成土壤或环境污染。缺点是保温性能

在高寒地区不如聚氯乙烯薄膜。

④ PV（聚烯烃）薄膜。聚乙烯（PE）和醋酸乙烯（EVA）多层复合而成的新型温室覆盖薄膜，该膜综合了 PE 和 EVA 的优点，强度大，抗老化性能好，透光率高且燃烧处理时也不会散发有害气体。

（2）内覆盖材料 主要包括遮阳网和无纺布等。

① 遮阳网。用聚乙烯树脂加入耐老化助剂拉伸后编织而成，有黑色和灰色等不同颜色。有遮阳降温、防雨、防虫等效果，可作临时性保温防寒材料。

② 无纺布。由聚乙烯、聚丙烯等纤维材料不经纺织，而是通过热压而成的一种轻型覆盖材料。多用于设施内双层保温。

（3）外覆盖材料 包括草苫、纸被、棉被、保温毯和化纤保温被等。

① 草苫。保温效果可达 5～6℃，取材方便，制造简单，成本低廉。

② 纸被。在寒冷地区和季节，为进一步提高设施内的防寒保温效果，可在草苫下增盖纸被。纸被系由 4 层旧水泥纸或 6 层牛皮纸缝制的与草苫相同宽度的保温覆盖材料。

③ 棉被。用落花、旧棉絮及包装布缝制而成，特点是质轻、蓄热保温性好，强于草苫和纸被，在高寒地区保温力可达 10℃ 以上，但在冬春季节多雨雪地区不宜大面积应用。

④ 保温毯和化纤保温被。在国外的设施栽培中，为提高冬春季节的保温效果及防寒效果，在小棚上覆盖腈纶棉、尼龙丝等化纤下脚料纺织成的"化纤保温毯"，保温效果好、耐久。我国目前开发的保温被有多种类型，有的是外层用耐寒防水的尼龙布，内层是阻隔红外线的保温材料，中间夹置腈纶棉等化纤保温材料，经缝制而成。有的类型则用 PE 膜作防水保护层，外加网状拉力层增加拉力，然后通过热复合挤压成型将保温被连为整体。这类保温材料具有质轻、保温、耐寒、防雨、使用方便等特点，可使用 6～7 年，是用于温室、节能型日光温室，代替草苫的新型防寒保温材料，但一次性投入相对较大。

四、设施环境调控技术

1. 光照

光照是日光温室热量的主要来源，也是果树光合作用、生产有机物质的能量来源。在一定范围内，透入棚室的光照越多，温度越高，果树光合作用越旺盛。绿色植物只有在阳光的照射下，才能进行光合作用。要维持较高的光合效能，其光照强度应达到30000～60000lx。在冬季，太阳的辐射能量，不论是总辐射量，还是作物光合作用时能吸收的生理辐射量，都仅有夏季辐射量的70%左右，加之设施覆盖薄膜后，阳光的透光率仅有80%左右，薄膜吸尘或老化以后，其透光率又会下降20%～40%。因此，设施内的太阳辐射量，仅有夏季自然光强的30%～50%，为20000～40000lx，这远远低于果树光合作用的光饱和点。倘若遇到阴天，设施内的光照强度几乎接近于果树的光补偿点。光照弱、光照时间短，是制约果树设施栽培产量、效益的主要因素之一，也是影响设施内温度高低的主要原因。因此，改善设施内的光照条件成为提高设施果树产量和质量的主要措施。

节能日光温室、塑料大棚等栽培设施，受其建造条件的制约，室（棚）内光照分布不均匀，差异比较显著。设施内的光照强度垂直分布规律是越靠近薄膜光照强度越大，向下递减，且递减的梯度比室外大。靠近薄膜处相对光照强度为80%，距地面0.5～1.0m为60%，距地面20cm处只有55%。光照的水平分布规律是南北延长的塑料大棚，上午东侧光照度高，西侧低，下午相反，全天平均东西两侧差异不大。东西延长的大棚，平均光照度比南北延长的高，升温快，但南部光照度明显高于北部，最大相差20%，光照水平分布不均匀。日光温室南北方向上，光照强度相差较小，距地面1.5m处，每向北延长2m，光照强度平均相差15%左右。东西山墙内侧各有2m左右的空间光照条件较差，温室越长这种影响越小。

在合理采光设计的前提下，改善光照的措施有：选用透光率高的薄膜；在温度允许的前提下，适当早揭晚盖保温覆盖物；人工补光，铺、挂反光膜等。

2. 温度

晴天塑料大棚在日出后气温开始上升，最高气温出现在 13 时，14 时以后气温开始下降，日落前下降最快，昼夜温差较大。温室内最低气温出现在揭开保温覆盖材料前的短时间内，揭开覆盖材料后气温很快上升，11 时的升温最快，在密闭条件下每小时最多可上升 6～10℃，这期间是温度管理的关键。13 时气温达到最高，以后开始下降，15 时以后下降速度加快，直到覆盖保温物为止。此后温室内气温回升 1～3℃，然后平缓下降，直到第二天早晨。

温室内的气温在南北方向上，中部气温最高，向北、向南递减，白天南部高于北部，夜间北部高于南部。东西方向上差异较小，靠近出口处气温最低。设施内的地温从地表到 50cm 深的土层里都有明显的增温效应，但以 10cm 以上浅层土壤增温显著，这种效应称为"热岛现象"。

保温措施有：减少缝隙放热，如及时修补棚膜破洞、设作业间和缓冲带、密闭门窗等；采用多层覆盖，如设置两层幕、在温室和大棚内加设小拱棚等；采取临时加温，如利用热风炉、液化气罐、炭火等。

降温措施有：自然放风降温，如将塑料薄膜扒缝放风，分放底脚风、放腰风和放顶风 3 种，以放顶风效果好。即扣棚膜时用两块棚膜，边缘处都黏合一条尼龙绳，重叠压紧，必要时可开闭放风，这样就在温室顶部预留一条可以开闭的通风带，可根据扒缝大小调整通风量。自然放风降温还可采取筒状放风方式，即在前屋面的高处每 1.5～2.0m 开 1 个直径为 30～40cm 的圆形孔，然后黏合 1 个直径比开口稍大、长 50～60cm 的塑料筒，筒顶用环状铁丝固定，需要通风时用竹竿将筒口支起，形成烟囱状通风口，不用时将筒口扭起，这种放风方法在冬季生产中排湿降温效果较好。温室也可采取强制通风降温措施，如安装通风扇等。

3. 湿度

冬季生产中，设施处于密闭状态下，空气湿度较大，对果树病害发生的影响极大。控制设施内湿度的措施有：通风换气，可明显降低空气湿度；在温度较低无法放风的情况下，可加温降湿；地面覆盖地膜，可控制土壤水分蒸发，又可提高地温，是冬季设施生产必需的措施。设施内灌水采用管道膜下灌水，可明显避免空气湿度过大。有条件可采用除湿机来降低空气湿度，在设施内放置生石灰，利用生石灰吸湿，也有较好的效果。

4. 气体

在设施密闭状态下，对果树生长发育影响较大的气体主要是 CO_2 和有害气体。

温室内的 CO_2 浓度在早晨揭开保温覆盖物时最高，一般可达 $1\%\sim1.5\%$。此后浓度迅速下降，如不通风到上午 10 时左右达到最低，可达 0.01%，低于自然界大气中的 CO_2 浓度（0.03%），抑制了光合作用，造成果树"生理饥饿"。改善设施内 CO_2 浓度的方法除通风换气、增施有机肥外，应用较多的方法是利用 CO_2 发生仪，采用化学方法产生 CO_2 气体，生产上多采用硫酸和碳酸氢铵反应制造 CO_2 气体。施放 CO_2 宜在晴天的上午进行，阴、雨雪天和温度低时不宜施放，施放 CO_2 还应保持一定的连续性，间隔时间不宜超过 1 周。

设施生产中如管理不当，可发生多种有害气体，造成果树伤害。气体主要来自于有机肥分解释放气体、化肥和塑料棚膜的挥发气体、产生的气体等。常见的有害气体危害症状及预防方法见表 2-2。

五、调控休眠技术

1. 果树需冷量

落叶果树自然休眠需要在一定的低温条件下经过一段时间才能通过。生产上通常用果树经历 $0\sim7.2℃$ 低温的累积时数计算，称之为"果树需冷量"。即果树在自然休眠期内有效低温的累积时数，为该果树的需冷量。但在果树的自然休眠过程中，温度变化情况是

表 2-2　主要有害气体危害症状及预防方法

项目 气体	来源	危害症状	预防方法
氨气	施肥	叶片边缘失绿干枯。严重时自下而上叶片先呈水浸状,后失绿变褐干枯	深施充分腐熟后的有机肥。不用或少用化肥,挥发性强的化肥作追肥,要适当深施。施肥后及时灌水。覆盖地膜可防止有害气体释放,减轻危害。一旦发生气害,及时通风
二氧化氮	施肥	中部叶片受害重,叶面气孔部分先变白,后除叶脉外,整个叶片被漂白、干枯	
二氧化硫	燃料	中部叶片受害重,叶片背面气孔部分失绿变白,严重时整个叶片变白枯干	采用火炉加温时要选用含硫低的燃料,炉子要燃烧充分,密封烟道,严禁漏烟。采用木炭加温要在室外点燃后再放入棚室内
一氧化碳	燃料	叶片白化或黄化,严重时叶片枯死	
乙烯	塑料制品	植株矮化,茎节粗短,叶片下垂、皱缩,失绿变黄脱落;落花落果,果实畸形等	选用无毒塑料薄膜和塑料制品,棚室内不堆放塑料制品及农药化肥、除草剂等
氯气	塑料制品	叶片边缘及叶脉间叶肉变黄,后期漂白枯死	

复杂的,需用犹他模型估算需冷量。不同果树的自然休眠需冷量差别很大,从几十个小时到超过 2000h 不等。一般葡萄、甜樱桃的低温需求量较高,草莓、桃较低,李、杏居中。在休眠期需冷量不足的情况下,加温将导致果树发芽延迟、开花不整齐,甚至出现枯死现象。

2. 人工促进休眠技术

通常采用"人工低温暗光促眠"方法,即在外界稳定出现低于 7.2℃温度时(辽宁南部在 10 月下旬～11 月上旬)扣棚,同时覆盖保温材料,使棚室内白天不见光,降低棚内温度,并于夜间打开通风口和前底脚覆盖物,尽可能创造 0～7.2℃的低温环境。这种方法简单有效,成本低,生产上得到广泛应用。

有条件时,可在设施内采用人工制冷的方法,强制降低温室内的温度,促使果树尽早通过自然休眠。目前在甜樱桃促成栽培上,采用人工制冷促进休眠已有成功的案例。采用容器栽培的果树均可以将果树置于冷库中处理，满足果树需冷量后再移回设施内栽培，进行促成栽培。或人为延长休眠期，进行延迟栽培。

3. 人工打破休眠技术

在果树自然休眠未结束前，欲使其提前萌芽开花需采用人工打破自然休眠技术。目前生产上比较成功的是使用单氰胺打破蓝莓休眠。辽南地区 12 月中旬至 1 月初开始升温，在升温前喷施 70～80 倍单氰胺，能有效打破休眠，促进叶芽萌发，提高产量，可提早上市 15～20d。在北高丛品种上的应用效果较好，生产上要注意品种差异，品种不同则喷施浓度、方法不同。

第三章
蓝莓的品种分类及优良品种

一、蓝莓品种的分类

　　蓝莓属于杜鹃花科（Ericaceae）越橘属（Vaccinium spp.）植物，为多年生落叶或常绿灌木或小灌木树种。全世界蓝莓属植物约有400个种，广泛分布于北半球的温带和亚热带，南北美洲和亚洲的热带山区亦有分布；但不产于非洲的热带高山和热带低地，也不产于南温带。其中有40%的种分布在东南亚地区，25%的种分布在北美地区，10%的种分布在美国的南部或中部地区。据方瑞征研究，中国已知有91种、24变种和2亚种，南北方各地均有，主产于西南和华南地区。本属植物为灌木或小乔木，通常地生，少数附生。该属许多种类的果实可以食用，目前主要利用的是分布于北温带的一些落叶种类。越橘属植物在长期演化过程中，形成了大量的多倍体种。这些种类在形态和生态习性上比较复杂，种类的划分在分类学和园艺学上都比较混乱。根据树体特征、生态特性及果实特点，我们将蓝莓划分为南高丛蓝莓、北高丛蓝莓、半高丛蓝莓、兔眼蓝莓、矮丛蓝莓五个品种群。

1. 南高丛蓝莓品种群

其原产于美国东南部亚热带，分布于沿海及内陆沼泽地，耐湿热，喜湿润、温暖的气候条件，冷温需要量低于600h，但抗寒力差，适于我国黄河以南地区如华东、华南地区发展。

南高丛蓝莓果实比较大，直径可达1cm，具有成熟期早、鲜食口味佳的特点。我国的山东青岛栽培果实在5月底到6月初成熟，南方地区成熟期更早。这一特点对于南高丛蓝莓在我国南方的江苏、浙江等省栽培具有重要的参考价值。

2. 北高丛蓝莓品种群

其原产于美国东北部，分布在河流边缘沙质地、沿海柔软湿地、内陆沼泽地及山区疏松土壤，要求湿度大，喜冷凉气候，抗寒力较强，有些品种可抵抗−30℃低温，适于我国北方沿海湿润地区及寒地发展，对土壤条件要求严格。树高1~3m；果实大，直径可达1cm。果实品质好，口味佳，宜鲜食。此品种群果实较大，品质佳，鲜食口感好。可以作为鲜果市场销售品种栽培，也可以加工或庭院自用栽培，是目前世界范围内栽培最为广泛、栽培面积最大的品种类型。

3. 半高丛蓝莓品种群

半高丛蓝莓是由高丛蓝莓和矮丛蓝莓杂交获得的品种类型，由美国明尼苏达大学和密执安大学率先开展此项工作。育种的主要目标是通过杂交选育果实大、品质好、树体相对较矮、抗寒力强的品种，以适应北方寒冷地区栽培。此品种群的品种树一般高50~100cm，果实比矮丛蓝莓大，但比高丛蓝莓小，抗寒力强，一般可抗−35℃低温。

4. 兔眼蓝莓品种群

株高2~5m。该种是由5个四倍体种杂交而成的异源六倍体杂种。原产于美国东南部的佛罗里达州北部、佐治亚州东部及南部到南卡罗来纳州和亚拉巴马州东南部。最大的产区是佐治亚州，约占全国该种栽培总面积的一半。一般而言，兔眼蓝莓比高丛蓝莓的生态适应性好，生长势和抗虫性较强，并且丰产、果实坚实、耐贮藏、需冷量少。

在早期栽培时，其最大的缺点是果实品质不如高丛蓝莓好，但经过育种学家的努力，特别是在 1960 年以后推出的品种，果实品质得到了较大的改善，提高了市场竞争力。

5. 矮丛蓝莓品种群

最主要的种类包括狭叶蓝浆果（*V. angustifolium*）和绒叶蓝浆果（*V. myrtilloides*）。主产区在美国的缅因州和加拿大的魁北克省、新不伦瑞克省、新斯科舍省以及爱德华王子岛。株高 30～50cm。狭叶蓝浆果也是一个在分类上比较混乱的异源四倍体种。其分布范围包括加拿大的马尼托巴省和美国的明尼苏达州南部，向东到加拿大的安大略省和魁北克省的北部以及纽芬兰省，向南到美国东岸的特拉华州、弗吉尼亚州山区、伊利诺伊州和印第安纳州的北部。在加拿大东部分布在海拔 1300m 处，在美国的弗吉尼亚州分布在海拔 1300～1500m 地区。狭叶蓝莓生长在开阔地酸性土壤上，包括高山沼泽、干旱沙地、草炭荒地、松树荒地、藓泽、丢荒草场等。

绒叶蓝浆果是一个二倍体种。它是在目前利用的越橘属物种中分布最广的，呈不连续分布状，范围从加拿大的不列颠哥伦比亚省直到美国的纽约州、宾夕法尼亚州、印第安纳州和弗吉尼亚州。该种也是一个生态适应性比较广的物种，从海拔较低的地区到 1200m 的高山均有分布。主要分布在排水性良好的沙土上，在干燥高地、石砾地、潮湿藓泽地和山地草甸也可见到。

该品种群的抗旱能力较强，且具有很强的抗寒能力，在－40℃低温地区可以栽培。在北方寒冷山区，30cm 积雪可将树体覆盖从而确保安全越冬。对栽培管理技术要求简单，极适宜于东北高寒山区大面积商业化栽培。但由于果实较小，果实可用作加工原料，因此大面积商业化栽培应与果品加工配套发展。

二、优良品种

(一) 南高丛蓝莓品种群

南高丛蓝莓喜湿润、温暖的气候条件，需冷量较低，适于我国黄河以南地区如华东、华南地区发展。

1. 奥尼尔 (O'Neal)

1987年推出的杂交品种。极早熟，树体半开张，分枝较多。早期丰产能力强。开花期早且花期长，由于花芽开花较早，容易遭受早春霜害。极丰产。果实中大，果蒂很干，质地硬，鲜食风味佳。该品种适宜机械采收。冷温需要量为400h。抵抗茎干溃疡病。

2. 密斯梯 (Misty)

1992年推出的杂交品种。中熟，成熟期比奥尼尔晚3～5d。树体直立，生长势强。在不是过量结果的情况下果实品质优良，果大而坚实，色泽美观，蒂痕小而干，坚实度好，有香味，在我国长江流域栽培无裂果现象。易扦插繁殖。栽植该品种需要注意一定要加强修剪，由于枝条过多，花芽量大，很容易造成树体早衰。冷温需要量为150h。

3. 夏普蓝 (Sharp Blue)

1976年美国佛罗里达大学选育，早熟，由Florida61-5与Florida62-4杂交育成。主要果实及树体特征与佛罗达蓝极相似，区别是浆果为中等蓝色。为佛罗里达中部和南部地区栽培最为广泛的品种。树体中等高度，开张。需冷量是南高丛品种群中最少的品种。早期丰产能力强。需要配置授粉树。在灌溉条件下株产量3.6～7.2kg。果大，果色稍深，蒂痕较湿，风味佳。对根腐病和枝条溃疡病抗性中等。在幼树期需去掉果实以促进树体生长。冷温需要量150h。

4. 比乐西 (Biloxi)

1998年美国农业部ARS小浆果研究站杂交选育的品种，亲本为"Sharpblue"×"US329"。树体生长直立健壮，丰产性强。果实颜色佳，果蒂痕小，果肉硬，果实中等大小，平均单果重1.47g，鲜食风味佳。该品种的突出特点是果实成熟期早，比"Climax"早熟14～21d。可以早期供应鲜果市场。栽培时需要配置授粉树。另外，由于开花期早，易受晚霜危害。该品种是目前唯一一个2次开花结果的品种，在山东威海第二次开花可以结果，果实在10月份成熟，云南地区栽培，第二次果实可实现1～1.5kg/株的产量。需冷量很少，只有150h，在美国夏威夷栽培可以实现常年连续开花结果，在墨西哥该品种12月份开花，3～4月份果实成熟供应美国市场，已成为墨西哥认为最好的一个优良的品种。目前我国还没有大面积栽培，建议在南方产区试验栽培，尤其是广东和海南地区，有可能实现比现在所有品种更早的果实采收期。

5. 艾文蓝（Avonblue）

1977年美国佛罗里达大学选育，由（Floridal-3×Berkelev）与（Pioneer×Wareham）杂交育成。果实成熟期略晚于"夏普蓝"。树体紧凑，枝条节间短。要求土壤疏松，春、秋两季修剪。重点剪花芽，自花结实，但用"夏普蓝"和"佛罗达蓝"授粉可提高产量和品质。果实中等大、淡蓝色，肉质硬，果蒂痕小且干，品质及风味是南高丛蓝莓品种中最好的一个。适宜于鲜果远销栽培。冷温需要量为400h。

6. 萨米特（Summit）

1997年美国选育出的品种。中晚熟品种。植株半开张，生长势中庸，树高1.5～1.8m。果大，浅蓝色，果硬，甜而有香气，风味佳，果蒂痕小。货架期长。萌芽开花较早，丰产，稳产。单株产量3.6～4.5kg。推荐在冷温在600h以上的地方用作鲜果、加工、自采果园、本地市场的栽培品种。

7. 佐治亚宝石（Georgia Gem）

1986年推出的杂交品种。中熟品种，树体半开张，高产且连续丰产。果实中大，质地硬，果蒂痕小且干，风味好。配置授粉树可提高产量和品质。需要排水良好的土壤和避免春霜。冷温需要量为 359h，但花芽的低温需要量为 500h。缺点是抗霜能力差。

8. 南月 (South Moon)

1995 年佛罗里达大学杂交选育的品种，为美国专利品种，早熟品种。树体直立，果实品质特佳。冷温需要量 500h。由于开花比较早，容易遭受早春霜害。果实大，平均单果重 2.3g，略扁圆形，暗蓝色，果蒂很小且干，质地很硬，口味甜，略有酸味。栽培时需要配置授粉树，"夏普兰"和"佛罗达蓝"均可为其授粉。

9. 佛罗达蓝 (Florda Blue)

1976 年美国杂交选育的中熟品种。树冠枝条均匀，树体生长中等健壮，高约 1.5m，生长势较强。果实大，淡蓝色，硬度中等，风味好。适宜鲜果销售栽培。繁殖困难。易感染根腐病。冷温需要量为 350h。

10. 力巴 (Marimba)

1991 年美国佛罗里达大学选育的品种，为美国专利品种，专利号为 PP7974。于 1974 年杂交，亲本不详。树体生长中等健壮，直立。丰产性能中等。冷温需要量只有 200h。果实中大，平均单果重 1.6g，暗蓝色，中等果粉，果蒂痕很小且干，果实质地硬，耐贮存能力强。口味甜，中等酸味。

11. 奥扎克兰 (Ozarkblue)

1996 年美国阿肯色大学选育的品种，为美国专利品种，专利号为 PP10035。晚熟品种，树体半直立，生长势强。丰产稳产，株产量 1.7～2.5kg。果实品质优良，蒂痕小，果色深，坚实，香味较浓。耐贮藏，在 5℃下贮藏 21d 时坚实度和果重不会下降。冷温需要量 600～800h。果实质地硬，超过"蓝丰"，鲜食口味比"蓝丰"品种甜且香味浓，该品种的另一个突出特点是抗寒能力很强，可抵抗 -23℃ 的冬季低温，是南高丛蓝莓品种中抗寒力最强的一个。

12. 斯塔纳 (Stana Fe)

1997 美国佛罗里达大学选育的品种，为美国专利品种，专利号为 PP10788。早熟品种，于 1975 "Avonblue" 品种的自然杂交后代中选出，父本不详。冷温需要量为 300h。树体生长健壮，高大直立。产量中等偏上，5 年生产量可达 2.75kg/株。果实中大，平均单果重 1.8g。果蒂痕小且干。果实暗蓝色，质地硬，耐贮存。抗寒能力强。

13. 明星 (Star)

1995 年美国明尼苏达大学选育的品种，为美国专利品种，专利号为 PP10775。于 1981 年杂交，亲本为 FLS0-31×O'Neal。生长势中等。果实大而均匀，蒂痕小而干，坚实度好，风味佳，品质优良。易繁殖。该品种果实成熟期集中，所有果实在 3 周内成熟，而"夏普蓝"需 8 周。成熟期极早，在佛罗里达地区 4 月末成熟。因此，在鲜果市场上很有竞争力。冷温需要量 400h。

14. 蓝脆 (Bluecrisp)

1997 年美国佛罗里达大学选育的品种，为美国专利品种，专利号为 PP11033。于 1980 年杂交，亲本不详，但主要是北高丛蓝莓品种 (*Vaccinium colymbosum*) 和佛罗里达野生的蓝莓 (*Vaccinium darrowi*) 杂交获得的。树体生长健壮，半开张。树高可达 2m。丰产性能中等偏上，4 年生平均株产 1.82kg/株。果实特别脆，质地好，特别耐运输。容易受蓝莓瘤瘿螨危害，采收后需喷杀虫剂。冷温需要量为 500~600h。

15. 珠宝 (Jewel)

1998 年美国佛罗里达大学选育的品种，为美国专利品种，专利号为 PP11807。于 1988 年杂交，亲本为密执安和新泽西北高丛蓝莓中筛选的大果、高品质、成熟期早的品系与野生的 *Vaccinium darrowi*。树体中等，半开张，4 年生株高可达 1m。冷温需要量为 200h。产量中等，果实大，果实暗蓝色，果蒂痕小且干，质地较硬，口味酸甜。

16. 绿宝石 (Emerald)

1999 年美国佛罗里达大学选育的品种，为美国专利品种，专利号为 PP12165。于 1991 年杂交，亲本为 FL91-69×NC1528。树体生长健壮，半开张，果实极大。果实蓝色，果蒂痕小且干，质地极硬，果实口味甜，略有酸味。成熟期极早，且较集中。产量高，抗寒力强，抗病抗虫能力强，是很有发展前途的南高丛优良品种。冷温需要量为 250h。

17. 蓝宝石 (Sapphire)

1998 年佛罗里达大学选育的品种，为美国专利品种，专利号为 PP11829。于 1980 年杂交，亲本不详，主要是以密执安和新泽西筛选的大果、高品质品系与佛罗里达野生种 *Vaccinium darrowi* 杂交获得的。树体生长中等健壮，半开张或开张，丰产能力中等，果实大，果实蓝色，果蒂痕小且干，质地极硬，果实甜，口味佳。高抗茎干溃疡病。冷温需要量为 200h。

18. 新千年 (Millennia)

2000 年美国佛罗里达大学选育的品种，为美国专利品种，专利号为 PP12816。树体生长健壮，直立到开张，丰产性强，果实极大，果实天蓝色，比其他品种美观。果蒂很小且干，质地极硬，口味甜。成熟期早，高抗茎干溃疡病。冷温需要量为 300h。

19. 温莎 (Windsor)

2000 年佛罗里达大学选育的品种，为美国专利品种，专利号为 PP12783。树体生长健壮，丰产性强，果实极大，果实天蓝色，悦目美观。果蒂痕中至大，有果皮撕裂现象。果实质地极硬，口味甜。该品种的突出特点是成熟期极早。冷温需要量为 300～500h。

20. 久比力 (Jubilee)

2000 年，美国农业部 Poplaville 农业研究中心浆果试验站选育出的品种。树体直立，健壮，丰产性强。果实中等，颜色好，口味佳，质地硬，果蒂痕小。果实成熟后可以在树上不采收而果实品质不变。商业性生产中可以一次或二次采收 95% 以上。冷温需要量 500h。

（二）北高丛蓝莓品种群

1. 早蓝（Eariblue）

1952 年美国选育品种，由 Stanley×Weymouth 杂交育成，为一早熟品种。树体生长健壮，树冠开张，丰产，果实成熟后不落果。果实大，悦目蓝色，质地硬，宜人芳香，口味佳。

2. 蓝塔（Bluetta）

1968 年美国农业部和新泽西州农业部合作选育品种，是由（North Sedwick×Coville）×Earliblue 杂交育成的，为一早熟品种。树体生长中等健壮，矮且紧凑，抗寒性强，连续丰产性强。果实中大、淡蓝色，质地硬，果蒂痕大，口味比其他早熟品种佳，耐贮运性强。冷温需要量>800h。

3. 都克（Duke）

1986 年美国农业部与新泽西州农业试验站合作选育，为一早熟品种。树体生长健壮、直立，连续丰产。极为丰产稳产。果实中等大，浅蓝色，质地硬，蒂痕小而干，风味柔和，有香味。

4. 斯巴坦（Spartan）

1978 年由美国农业部选育，由 Earliblue×US11-93 杂交育成，为一早熟品种。树体生长健壮，树体直立，丰产性强，略抗僵果病害。果实极大，蒂痕小而干，淡蓝色，质硬，风味极佳。抗寒性强，耐春霜。易出现缺绿症。对茎干溃疡病敏感。

5. 蓝乐（Bluejay）

1978 年美国密执安州立大学选育，由 Berkeley M Michigan 241（Pioneer M Taylor）杂交育成，为一早熟品种。树体生长健壮、直立，极抗寒（−32℃），丰产性强，抗僵果病。果实中大、圆形、淡蓝色，质硬，果蒂痕小，果柄长，有较爽口的略偏酸口味。

6. 瑞卡（Reka）

1988 年新西兰国家园艺研究所选育的品种，为美国专利品种，专利号为 PP6700。于 1975 年杂交，亲本为 E118（"Ash-worth"×

"Earliblue") × "Bluecrop"。为一早熟品种。树体生长直立，健壮。果穗大而松散。丰产能力极强，可达 12kg/株。果实暗蓝色，中等大小，果实直径 12～14mm，平均单果重 1.8g。果实口味极佳。果实质地硬，采收容易。该品种对矿质土壤的适应能力强。栽培时需要修剪花芽，以避免结果过多。

7. 双丰（甜心）(Sweetheart)

该品种是美国佐治亚大学利用南高丛蓝莓品系"TH 275"和北高丛蓝莓品系"G 567"杂交获得的优良品种，早熟品种，1996年在美国新泽西州蓝莓蔓越橘研究推广中心杂交并于 1999 年选出。有南高丛血统（约 15% *V. darrowii*）。株丛生长旺盛，株高1.2～1.8m。树姿半开张至直立。枝条粗度中等。花芽圆球形。开花习性与"蓝丰"相似。抗寒性比"蓝丰"略差，最新资料证实该品种具有抵抗高土壤 pH 值的特性。成熟期与"都克"品种相同，成熟期集中。二次花于果实成熟期开始陆续开放，7月末至8月初二次果开始陆续成熟。果实中至大，平均单果重 1.6g，最大单果重 2.97g，果实纵径 11mm、横径 16mm，扁圆形。果粉厚，外观呈亮蓝色。质地硬度非常好，风味极佳，具有独特的芒果香味。花冠大，呈圆柱状，浅粉色至深粉色。丰产性好，高产或极高产，盛果期产量达 6.8kg/株。推荐作为商业化鲜果市场和本地市场自采果园的栽培品种。越冬有少量顶花芽抽干，抗寒性与"蓝丰"近似（"双丰"半致死温度为−23℃，"蓝丰"为−28℃）。

8. 雷戈西（Legacy）

树体生长直立，分枝多，内膛结果多。丰产，为一中早熟品种，比"蓝丰"品种早熟一周。果实蓝色，果实大，质地很硬，果蒂痕小且干。果实含糖量很高，甜味，鲜食口味极佳。为鲜果生产一优良品种。这一品种被认为是目前鲜果品种中品质最好的品种之一。

9. 蓝线（Blueray）

1955 年美国选育品种，由（Jersey × Pioneer）×（Stanley × June）杂交育成，中早熟品种。树体生长健壮，树冠开张，丰产，抗裂果，果穗小且紧凑。果实极大、淡蓝色，质地硬，具芳香味，口味佳。

10. 北卫 (Patroit)

1976 年美国选育，由 Dixi×Michigan LB-1 杂交育成，为一中早熟品种。树体半直立，生长势强、直立，极抗寒（−29℃），抗根腐病。果实大，略扁圆形，质地硬，悦目蓝色，果蒂痕极小且干，口味极佳。不耐贮运，建议在自采果园中种植。此品种为北方寒冷地区鲜果市场销售和庭院栽培的首选品种。

11. 米德 (Meatier)

1971 年美国新海波塞尔农业试验站选出的品种，由 Earli-blue×Bluecrop 杂交育成，为一中早熟品种。树体生长健壮、直立，极抗寒，极丰产，需要重剪，果穗疏松，且果实成熟期一致，适于机械采收。果实大，质地硬，果蒂痕小且干，口味佳。果实过度成熟时不脱落，不裂果。抗寒性强。

12. 喜莱 (Sierra)

1988 年美国新泽西发表的品种，早至中熟品种，树势强，直立型。果实大，浅蓝色，质地硬，有香味，风味佳。丰产性好。适宜鲜果市场。土壤适应性强，容易栽培。对寒霜敏感。适宜冬季温暖地方种植。

13. 巨蓝 (Bluechip)

1979 年美国农业部与北卡罗来纳农业研究中心合作选育，由 Croatan×US11-93 杂交育成，为一中熟品种。树体生长健壮、直立，抗茎干溃疡病、僵果病和根腐病，自花结实，连续丰产。果实极大，质地硬，悦目蓝色，有爽口略偏酸口味。

14. 蓝丰 (Bluecrop)

1952 年美国由（Jersey×Pioneer）×（Stanley×June）杂交选育，为一中熟品种，是美国密歇根州的主要品种。树体生长健壮，树冠开张，幼树时枝条较软，抗寒力强，其抗旱能力是北高丛蓝莓中最强的一个。极丰产且连续丰产能力强。果实大、淡蓝色，果粉厚，肉质硬，果蒂痕干，具清淡芳香味，未完全成熟时略偏酸，口味佳，是鲜果销售优良品种。

15. 蓝金 (Bluegold)

1988年美国发表的品种。中熟，非常丰产。树体长势中庸，比较直立，树冠紧凑，为圆球形，树高1.0～1.5m。浆果质地非常硬，品质佳，果蒂痕浅，中型果，果实整齐度好，颜色靓丽。果实非常耐贮，货架期非常长。成熟期集中，因此人工采摘和机械采收最经济。推荐"蓝金"作为鲜果市场或加工市场的优选品种。

16. 托柔 (Toro)

1987年美国发表品种。为一中熟品种，成熟期与"蓝丰"相同。树体生长健壮、直立，开张。抗寒力强。极丰产。果穗中大，质地硬，中等蓝色，果蒂痕小且干，口味好。果实采收较容易，可分两次完全采收完毕。

17. 蓝天 (Bluehaven)

1968年美国密歇根州农业试验站选育，由Berkeley×（10W. bush×Pioneer实生苗）杂交育成，为一中熟品种。树体生长健壮、直立，抗寒，极丰产且稳定。果实成熟期集中，适宜机械采收，是密歇根州的主栽品种。果实大、圆形，淡蓝色，质地硬，果蒂痕干且小，风味特佳。抗寒性较强。成熟期较一致。

18. 伯克利 (Berkeley)

1949年美国选育品种，由Jersey×Pioneer杂交育成。为一中熟品种。树体生长健壮，树冠开张，丰产，产量不稳定，果穗疏散。果大，呈很浅的蓝色，坚实，蒂痕小，不裂果，风味和香气适中。冻果和加工产品质量高。在平原地区种植易感染茎干溃疡病。需通透性好的土壤。

19. 普鲁 (Puru)

1988年新西兰国家园艺研究所选育的品种，为美国专利品种，专利号为PP6701。于1975年杂交，亲本为E118（Ash-worth×Earliblue)×Bluecrop，为一中熟品种。树体生长直立，中等健壮，并有秋季二次开花习性。产量中等，一般 3～5kg/株。果实淡蓝色，口味极佳，尤其适宜日本市场的要求。果实极大，果实直径12～18mm，单果重 2.5～3.5g。果实质地硬，与"蓝丰"品种相同。

20. 奴依（Nui）

1988 年新西兰国家园艺研究所选育的品种，为美国专利品种，专利号为 PP6699。于 1975 年杂交，亲本为 E118（Ash-worth×Earliblue）×Bluecrop，为一中熟品种。树体生长开张，中等健壮，并有秋季二次坐果习性。果穗松散，并主要在树冠外围结果。产量中等偏下，一般 2～4kg/株。果实淡蓝色，但果实极大，果实直径16～20mm，单果重 2.5～3.5g，最大果可达 5g。早采的果实口味偏酸。果实质地硬，耐贮存能力极强。在 0℃ 条件下可贮存 6 周，气调贮存可达 8 周，在室温条件下的保鲜期比其他所有品种都长。

21. 泽西（Jersey）

1928 年美国选育品种，由 Rube×Grover 杂交育成，为一中熟品种。树体大且直立，长势强。果实中大，浅蓝色，坚实，蒂痕小，加工品质好。较丰产，果实成熟期长，可持续至 9 月中旬。此品种为美国新泽西州和密歇根州的主栽品种，适宜鲜果销售栽培。

22. 康维尔（Coville）

1949 年美国选育品种，由 Jersey×Pioneer 杂交育成。果实成熟期比"泽西"晚。树体生长健壮，极丰产，果穗松散，无裂果，无落果，适宜机械采收。果实大、淡蓝色，质地硬，完全成熟前口味偏酸，加工品质极好。不易裂果和落果。

23. 奥林匹亚（Olympia）

树体高大且开张，生长季节叶片像绿宝石，秋季呈亮红色，极美观。比较容易栽培。果实中等大小，暗蓝色，果实含糖量很高，有很宜人的芳香口味，口味极佳。果蒂痕小且干。适宜鲜果生产栽培。其口味在西方鲜果市场上被认为是最好的一种，并多年来被西方作为一个秘密品种。这一品种容易遭受晚霜危害，园地选择时应尽量避免。

24. 晚蓝（Lateblue）

1967年美国农业部和新泽西州农业试验站合作选育，为一晚熟品种。树体直立，生长势强。丰产稳产，果实成熟期较集中，适于机械采收。果实中大、淡蓝色，质硬，果蒂痕小，口味极佳。果实成熟后可保留在树体上。

25. 达柔（Darrow）

1965年美国选育品种，由（Wareham×Pioneer）×Bluecrop杂交育成，为一晚熟品种。树体生长健壮，直立，连续丰产。果实大、淡蓝色，质地硬，果蒂痕中，不易裂果。略酸，口味好。在完全成熟前酸度极高，但完熟后风味极好。不抗根腐病。

26. 伯吉塔蓝（Brigita Blue）

1980年澳大利亚农业部维多利亚园艺研究所选育的品种，是由Lateblue自然授粉的后代中选出的。树体生长极健壮、直立。为一晚熟品种。果实大，中等蓝色，果蒂很小且干。口味甜。适宜于机械采收。

27. 埃利奥特（Elliot）

1973年美国农业部选育，为一极晚熟品种。树体生长健壮、直立，连续丰产，果实成熟期较集中。果实中大、淡蓝色，肉质硬，蒂痕小，微有香味，口味佳。成熟期一致，此品种在寒冷地区栽培成熟期过晚。

28. 钱德乐（Chandler）

树体开张，株高1.5～3m，需冷量高。果实极大，是目前所有品种中最大的一个，在长春产区平均单果重3.73g，最大可达4.89g，果实扁圆形，如算珠，所以视觉感官更大，可达一元硬币大小。果实天蓝色，风味佳。丰产性较好，长春地区栽培四年生株产2.1kg。果实成熟期较晚，长春地区8月初采收，且成熟时间较长，达4～6周，因此特别适合观光采摘，也有利于鲜果销售时采收劳动力的缓解。建议该品种作为吉林产区和辽东半岛产区晚熟鲜果品种栽培。但该品种在长春地区栽培时有采前落果现象，要注意及时采收。

（三）半高丛蓝莓品种群

1. 北陆（Northland）

1968年美国密执安大学农业试验站选育，由 Berkeley×（bw-bush×Pioneer 实生苗）杂交育成，为一中早熟品种。树体生长健壮，树冠中度开张，成龄树高可达 1.2m。抗寒，极丰产。果实中大、圆形、中等蓝色，质地中硬，果蒂痕小且干，成熟期较为集中，口味佳。是美国北部寒冷地区的主栽品种。

2. 北蓝（Northblue）

1983年美国明尼苏达大学育成，由 Mn-36×（B-10×US-3）杂交育成，为一晚熟品种，树体生长较健壮，树高约 60cm，抗寒，丰产性好。果实大、暗蓝色，肉质硬，口味佳，耐贮。适宜于北方寒冷地区栽培。缺点是果粉欠佳，果实偏软，适宜当地鲜果销售。

3. 北空（Northsky）

1983年美国明尼苏达大学选育，亲本为 B-6×R2P4，为一晚熟品种。树体生长较矮，一般 25~55cm，较饱满，丰产性中等。抗寒力强（-30℃）。果实中大、天蓝色，肉质中硬，鲜食口味好，耐贮。适宜于北方雪大地区栽培。

4. 北春（Northcountry）

1986年美国明尼苏达大学育成，亲本为 B-6×R2P4，为一中早熟品种。树体中等健壮，约1m高，早产，丰产，连续丰产。果实中大、亮天蓝色，口味甜酸，口味佳。此品种在我国长白山区栽培表现出丰产、早产、抗寒，可露地越冬，为高寒山区蓝莓栽培优良品种。

5. 圣云（St. Cloud）

美国明尼苏达大学选育品种，为一中熟品种。树体生长健壮、直立，树高1m左右，抗寒力极强，在长白山地区可露地越冬。果实大、蓝色，肉质硬，果蒂痕干，鲜食口感好。此品种可作为我国北方寒冷地区鲜果销售栽培品种。

6. 奇伯瓦（Chippewa）

美国明尼苏达大学1996年选育的品种，为一中早熟品种。树体生长健壮，直立，高约1m，抗寒力强。果实中大，天蓝色；果肉质地硬，口味甜。丰产，可达1.4～5.5kg/株。配置授粉树可增加产量和增大果个。是适宜北方寒冷地区栽培的优良品种。

7. 北极星（Polaris）

美国明尼苏达大学1996年选育的品种，亲本为Bluetta×（G65×ashworth），为一中熟品种，比"北蓝"早熟一周。树体生长健壮，直立，高约1m，抗寒力强。果实中大，蓝色，果肉质地硬且脆，有芳香口味，耐贮存能力极强。丰产，可达1.5～4.5kg/株。需配置授粉树。

8. 水晶蓝（Crystal Blue）

1993年美国明尼苏达大学选育出的品种，为美国专利品种，专利号为PP9098。于1969年杂交，亲本为MN-6×MN69-3。树体生长直立、健壮。果实中大，果实硬度中等偏上，果实颜色中等蓝色，果蒂痕小且干。果实口味甜酸适度，有典型的野生蓝莓口味，口味极佳。丰产且连续丰产。该品种的突出特点是抗寒能力极强。该品种在我国东北的高寒地区很有栽培前景。

（四）兔眼蓝莓品种群

1. 灿烂（Brightwell）

1983年美国佐治亚育成，由"梯芙蓝"与Menditoo杂交育成，为一早熟品种。植株健壮、直立，树冠小，易生基生枝，由于开花晚，所以比兔眼蓝莓的其他品种的抗霜冻能力强。丰产性极强，由于浆果在果穗上排列疏松，极适宜机械采收和作鲜果销售。果实中大、质硬、淡蓝色，果蒂痕干，风味佳。雨后浆果不裂果。冷温需要量为350～400h。

2. 贝克蓝 (Beckblue)

美国佛罗里达品种，1978 年由兔眼蓝莓与一四倍体高丛蓝莓杂交育成，为一早熟品种。植株中等健壮、直立且树冠小，冷温需要量为 300h。从开花到果实成熟需 82d。自花不育，需用"顶峰"作授粉树。果实中大、中度蓝色，肉质硬，果蒂痕干且小，风味佳。可作鲜果销售并适宜机械采收。

3. 波尼塔 (Bonita)

1985 年推出的实生繁殖系。树冠中等大，生长势强。丰产，在灌溉条件下株产量 3.6～10kg。果实较大，果色浅，坚实，蒂痕小，风味佳。抗病性中到强，不适于在潮湿的地方栽培。鲜食或加工均适宜。冷温需要量 350～400h。

4. 顶峰 (Climax)

1974 年推出的杂交品种。树体直立而稍开张，生长势中等，更新枝发生量不多，但足够更新树势。对幼树进行强修剪或取枝条会影响树势，特别是在遇到干旱或过湿的情况时更会造成树势衰退。丰产，在灌溉条件下株产量 3.6～10kg。品种混栽有利于提高产量。最佳授粉树为"灿烂"。果中等大，果色深蓝至浅蓝，坚实，蒂痕小，风味佳，香味浓。冷温需要量 450～500h。

5. 乔瑟尔 (Chaucer)

1985 年美国佛罗里达选育，由"贝克蓝"自然授粉实生苗选出，为一早中熟品种。植株生长健壮，但枝条直立，树冠大且开张。开花很多且坐果率高。成熟期与"艾丽丝蓝"、"贝克蓝"一致，但开花期与果实成熟期长。果实中大，中等硬度，淡蓝色。由于果实成熟期不一致和果实采收时果皮易撕裂，不适宜于机械采收和作鲜果远销栽培。可作为庭院栽培自用品种。冷温需要量350～400h。

6. 乌达德 (Woodard)

1960 年美国佐治亚选育，由 Ethel×Callaway 杂交育成，为一早熟品种。树体开张，萌枝多，生长缓慢，生长势中等。较丰产，在灌溉条件下株产量 3.6～7kg。果实大到极大，浅蓝色或稍深，坚实度中等或高，蒂痕浅而大、干，完熟果风味特好。完熟果很容易变软，不耐运输。易感染白粉病。冷温需要量 350h。

7. 杰兔 (premier)

1978 年美国北卡罗来纳选育，由"梯芙蓝"×Homebell 杂交育成，为一早熟品种。植株很健壮，树冠开张，中大，极丰产。耐土壤高 pH 值，适宜于各种类型土壤栽培。能自花授粉，但配量授粉树可大大提高坐果率。果实大至极大、悦目蓝色，质硬，果蒂痕干，具芳香味，风味极佳。适于鲜果销售栽培。冷温需要量 400～500h。对各种土壤的适应性强，对土壤高 pH 值的忍耐力强。

8. 巨丰 (Dellite)

1969 年推出的杂交品种。树体直立匀称，多干，树冠小到中等，生长势中等到强。丰产，株产量 3.6～6.8kg。果实大，圆形，色浅，坚实度高，蒂痕小而干，质地细，含糖量高，风味好，品质佳。对土壤的适应性较差。冷温需要量 500h。

9. 蓝美人 (Bluebelle)

1974 年美国佐治亚州立大学沿海平原试验站选育，亲本为 Callaway×Ethel，中熟品种。植株中等健壮、直立，树冠中等。早产，丰产性极强，但对土壤条件反应敏感。果实成熟期持续时间长，果实大、圆形、淡蓝色，风味极佳。但果实未充分成熟时为淡红底色，充分成熟采收后迅速变软，并在采收时果皮易撕裂。因此，宜作为庭院栽培自用品种。

10. 布莱特蓝 (Briteblue)

1969 年美国佐治亚选育，由 Callaway×Ethel 杂交育成，为一中晚熟品种。植株中等健壮，开张。初期生长缓慢，10 年之内不需要强修剪。在良好的灌溉管理条件下株产量 3.6～5.4kg。果实中到大，坚实度高，灰蓝色，甜味浓，风味佳，品质优。果蒂痕干，果实成串生长，易于采收，并且成熟后可在树体保留相对较长的时间。此品种耐贮运，可作为鲜果远销品种栽培。耐热耐旱，适应性强。冷温需要量600h。

11. 梯芙蓝（Tifblue）

1955年美国佐治亚选育，亲本为Ethel×Claraway，中晚熟品种。这一品种是兔眼蓝莓中选育最早的一个品种，由于其丰产性强，采收容易，果实质量好，一直到现在仍在广泛栽培。植株生长健壮、直立，树冠中大，易产生基生枝，对土壤条件的适应性强。果实中大，淡蓝色，质极硬，果蒂痕小且干，风味佳。果实完全成熟后可在树上保留几天，但在潮湿的条件或雨后有裂果的倾向。

12. 森吐里昂（Centurion）

1978年美国北卡罗来纳选育，由W-4×Callaway杂交育成，为一晚熟品种。植株健壮、直立，树冠小。开花较晚且自花授粉。果实成熟期可持续1个月左右。果实中大、暗蓝色，具芳香味，风味佳。果实质地硬度不如"梯芙蓝"，在潮湿土壤上栽培有裂果现象。宜作为庭院自用品种发展。

13. 精华（Choice）

1985年美国佛罗里达选育，是由Tifton31自然授粉实生苗中选出的，为一晚熟品种。树体半直立，生长势强。在灌溉条件下株产量3.6～5.4kg。果实小，深蓝至浅蓝色，坚实，蒂痕小而干，完熟后风味佳，耐贮运。较抗叶部病害，但对根腐病较敏感，需栽培在排水较好的地方。冷温需要量550h。

14. 粉蓝（Powderblue）

1978年美国北卡罗来纳选育，由"梯芙蓝"×Menditoo杂交育成，为一晚熟品种。树体直立到半直立，树冠小到中等，生长势强。果实中大，比"梯芙蓝"略小，肉质极硬，果蒂痕小且干，淡蓝色，味甜，品质佳，但无香味。对叶部病害有一定的抗性。在十分潮湿的土壤中不易裂果。

15. 芭尔德温 （Baldwin）

美国佐治亚品种，1985 年从 Ga6-40（Myers×Black Giant）×梯芙蓝杂交选育出的品种，为一晚熟品种。植株生长健壮、直立，树冠大，连续丰产能力强，冷温需要量为 450～500h。抗病能力强。果实成熟期可延续 6～7 周，果实大、暗蓝色，果蒂痕干且小，果实硬，风味佳。适宜于庭院栽培。

16. 红粉佳人 （Pink Lemonide）

美国新泽西州查特斯沃斯蓝莓与蔓越橘研究推广中心 M. K. Ehlenfeldt 博士于 1991 年以 NJ 891581×Delite（*V. ashei*）杂交，1996 年选育出来的红果蓝莓变异品种。母本 NJ 89 1581 来自于美国罗格斯大学 Nicholi Vorsa 博士的两个三倍体（NJ 8561×NJ 8591）的杂交后代。"红粉佳人"部分来源于一个粉果的姊妹系"Pink Champagne"。"红粉佳人"为六倍体，具有一半的兔眼蓝莓（*V. ashei* Reade）血缘和一半其他六倍体高丛蓝莓品种的综合血缘。由于其作为生产特别是观光采摘、盆景和园林绿化等方面存在的潜在商业价值，美国农业部最近几年将这一优异的蓝莓品种资源公布出来。

该品种为中晚熟到晚熟品种，产量中等，果实中型，果面光滑，浅粉色果实，风味中等，质地硬度好。株丛生长旺盛，直立，全部叶片光亮绿色，披针形，叶缘锯齿。叶表面质地光滑。开花时期与其他南高丛蓝莓相似，与抗寒的北高丛蓝莓品种如"蓝丰"相比，花发育得比较早。在山东乳山市于 7 月 27 日左右果实变成亮粉色或暗粉色。

（五）矮丛蓝莓品种群

1. 美登 （Biomidon）

1970 年加拿大农业部肯特维尔研究中心从野生矮丛蓝莓选出的品种 Augusta 与品系 451 杂交后代中选育出的品种，中熟品种。树体生长健壮，丰产，引种在我国长白山区栽培的 5 年树龄的树平均株产量 0.83kg，最高达 1.59kg。果实较大，近球形，浅蓝色，被有较厚的果粉，风味好，有清淡爽口的香味。在长白山7月中旬成熟，成熟期一致。抗寒力极强，长白山区可安全露地越冬。对细菌性溃疡病抗性中等，虫害少。为高寒山区发展蓝莓的首推品种。

2. 芝妮 (Chignecto)

1964年加拿大农业部肯特维尔研究中心从野生矮丛蓝莓中选育的品种。树体生长健壮，基生枝条可达80cm长。中熟品种。较丰产。果穗比"斯卫克"大，位于叶片之上。叶片狭长。果实近圆形，粉蓝色，果粉厚，果实直径0.8cm，单果重0.45g。果实成熟期不一致。抗寒力强，长白山区可露地越冬。

3. 斯卫克 (Brunswick)

1965年加拿大农业部肯特维尔研究中心从野生矮丛蓝莓（V. angustifolium Ait）中选育。中熟品种。树体生长旺盛，高30cm。较丰产。果实球形、中等蓝色，比"美登"略大，直径1.3cm，单果重可达1.25g。果穗紧凑，每个果穗20个单果。在长白山区于7月下旬成熟，果实成熟期一致。抗寒性强，长白山区可安全露地越冬。与"奥古斯塔"相互授粉良好。

4. 芬蒂 (Fundy)

1969年加拿大肯特维尔研究中心从"奥古斯塔"自然授粉的实生后代中选出。树体生长极健壮旺盛。枝条可达40cm长。丰产，早产。果穗生长在直立枝条的上端，易采收。果实略小于"美登"，单果重0.72g，果实淡蓝色，被果粉。果实中熟，成熟一致。抗寒力强。

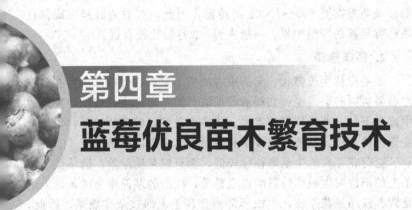

第四章
蓝莓优良苗木繁育技术

　　蓝莓的繁殖方法较多，总体分为有性繁殖和无性繁殖，有性繁殖主要是实生播种，缺点是容易发生性状分离；无性繁殖的方法主要以扦插繁殖为主，其他方法有分株繁殖、组培繁殖、嫁接繁殖等。目前，蓝莓组织培养工厂化育苗技术在我国已经完全成熟，成为我国蓝莓育苗的主要方式，为蓝莓产业的壮大发展提供了大量的优质无毒苗木。由于组培方法需要的技术条件高，投入成本较大，在我国目前的小型育苗中主要采用绿枝扦插的方法。

一、硬枝扦插

　　蓝莓在生产上通常以扦插繁殖方法为主。蓝莓扦插繁殖因种而异，高丛蓝莓主要采用硬枝扦插，兔眼蓝莓采用绿枝扦插，矮丛蓝莓绿枝扦插和硬枝扦插均可。

　　硬枝扦插主要应用于高丛蓝莓。但因品种不同，生根难易程度不同。"蓝线""卢贝尔""泽西"硬枝扦插生根容易，而"蓝丰"生根则困难。

1. 剪取插条的时间

　　育苗数量小时，剪取插条在春季萌芽前（一般 3～4 月）进行，随剪随插，可以省去插条贮存。但大量育苗时需提前剪取插条，一般枝条萌发需要 800～1000h 的冷温，因此，剪取的时候应确保枝条已有足够的冷温积累。一般来说，2 月份比较合适。

2. 插条选择

插条应从生长健壮、无病虫害的树上剪取。硬枝插条可在冬季修剪果树时剪取，也可在扦插前剪取。插条应选生长健壮的枝条的中部和下部，选择枝条硬度大、成熟度良好且健康的枝条，尽量避免选择徒长枝、髓部大的枝条和冬季发生冻害的枝条。

蓝莓花芽枝的生根率往往较低，而且根系质量差。插条位于枝条上的部位对生根率的影响也很显著，枝条的基部作为插条，无论是营养枝还是花芽枝，生根率都明显高于上部枝条作插条。因此，应尽量选择枝条的中下部位进行扦插。

若在果园中有病毒病害发生，取插条树离病树至少应在 15m 以上。顶部带花芽的或不充实的部分不用，细弱枝不用。插条的长度一般为 8～10cm，稍长一些也可以。较长的插条成活后成苗较快，但枝条用量较大。削插条的工具要锋利，切口要平滑。上部切口为平切，下部切口为斜切。下切口正好位于芽下，这样可提高生根率。插条切完后每 50～100 根一捆，暂时用湿河沙等埋藏。

3. 插条处理

插条剪取后每 50～100 根一捆，埋入锯末、苔藓或河沙中，温度控制在 2～8℃之间、相对湿度 50%～60%。低温贮存可以促进生根。

4. 扦插床的准备

扦插可以在田间直接进行，扦插基质铺成 1m 宽、25cm 厚的床，长度根据需要而定。但这种方法由于气温和地温低，生根率较低。

应用最多而且比较廉价的是木质结构的架床。用木板制成约 2m 长、1m 宽、40cm 高的木箱，木箱底部钉有 0.3～0.5cm 筛眼的硬板。木箱用圆木架离地面。采用这种方法可以有效增加基质温度，提高生根率。

扦插后，扦插床或扦插箱可以直接设在地中，有条件时最好设置拱棚。拱棚塑料以无颜色塑料为好。设置拱棚时注意温度控制，在5～6月份棚内温度过高时，应进行遮阴，及时放风降温。

5. 扦插基质

扦插前首先要准备好扦插基质。河沙、锯末、草炭、腐苔藓等均可作为扦插基质。比较理想的扦插基质为腐苔藓和草炭与河沙（1∶1）的混合基质或将草炭与锯木屑、苔藓以1∶1∶1的数量充分混合。基质一定要拌均匀。如果基质较干，则务必加水使其湿润。用多菌灵对基质进行消毒对减少插条基部腐烂有一定的效果。准备好的基质可以直接放入扦插池或装入小塑料盆或营养体中。在硬枝扦插中，基质越疏松越好。

6. 生根剂处理

对不易生根的品种可以采取浸蘸生根粉的方法来提高生根率，生根剂的使用方法分为低浓度慢浸和高浓度速蘸。慢浸法将插条基部3～5cm用100～200mg/L的萘乙酸或吲哚乙酸、吲哚丁酸浸泡24h。对容易生根的品种采取速蘸的方法，即对插条基部用浓度1000～2000mg/L的萘乙酸或吲哚乙酸溶液处理3～5s。也可使用ABT1生根粉或国光生根粉等，但要注意不同品种生根难易程度不同，使用浓度有差别，可通过查阅文献资料参考使用浓度或先进行小规模试验后再确定合理的使用浓度。

7. 扦插

一切准备就绪后，将基质浇透水保证湿度但不积水。然后将插条垂直插入基质中，只露一个顶芽。距离为5cm×5cm。扦插不要过密，过密一是造成生根后苗木发育不良，二是容易引起细菌侵染，使插条或苗木腐烂。高丛蓝莓硬枝扦插时，一般不需要用生根剂处理，许多生根剂对硬枝扦插生根的作用很小或没有作用。

8. 扦插后的管理

（1）立拱盖膜覆网　扦插后为了保持湿度，可以在插床上方立小拱棚，拱棚高度高于扦插床50～60cm。然后覆盖透光性好的塑料薄膜。为了防止日照过强，需要在棚膜上覆盖透光率为50％左右的遮阳网。

（2）湿度管理　扦插后应经常浇水，以保持土壤湿度，但应避免浇水过多或浇水过少。在阳光下放置时间过长、水温较高时应等水温放凉之后再浇，以免伤苗。水分管理最关键的时期是 5 月初至 6 月末，此时叶片已展开，但插条尚未生根，水分不足容易造成插条死亡。当顶端叶片开始转绿时，标志着插条已开始生根。

（3）温度及光照管理　扦插后白天拱棚内适宜的温度为 22～28℃，夜晚温度应不低于 8℃。当温度超过 28℃时应及时揭膜降温；夜晚若低于 8℃，应加盖覆盖物保温。中午光照过强、温度过高时，应及时覆盖遮阳网，通过遮阴来控制拱棚内的温度。

（4）营养管理　扦插前基质中不要施任何肥料，扦插后在生根以前也不要施肥。插条生根以后开始施入肥料，以促进苗木生长。施肥应以液态施入，用 13-26-13 或 15-30-4 完全肥料，浓度约为 3%，每周 1 次，每次施肥后喷水，将叶面上的肥料冲洗掉，以免伤害叶片。

（5）病虫害防治　扦插育苗期间主要采用通风和去病株的方法来控制病害。大棚或温室育苗要及时通风，以减少真菌病害和降低温度。每隔 15d 左右，向基质和小苗上喷 50% 多菌灵粉剂 500～700 倍液。

（6）撤膜及遮阳网　扦插后第 60 天前后，插条基部已经发生一定数量的根系，此时外界气温已经很高，可以撤去薄膜和遮阳网，促进根系生长、新梢的发育及充分木质化。

（7）苗木防寒越冬　生根的苗木一般在苗床上越冬，也可以于 9 月份进行移栽抚育。如果生根苗在苗床越冬，在入冬前苗床两边应培土。

二、绿枝扦插

绿枝扦插主要应用于兔眼蓝莓、矮丛蓝莓和高丛蓝莓中硬枝扦插生根困难的品种，这种方法相对于硬枝扦插要求条件严格，且由于扦插时间晚，入冬前苗木生长较弱，因而容易造成越冬伤害。但绿枝扦插生根容易，可以作为硬枝扦插的一个补充。

1. 剪取插条的时间

蓝莓剪取插条是在生长季进行的，由于栽培区域气候条件的差异没有固定的时间，主要从枝条的发育来判断。比较合适的时期是在果实刚成熟期，此时产生二次枝的侧芽刚刚萌发。另外一个判断标志是新梢的黑点期，此时新梢处于暂时停长阶段。在以上时期剪取插条的生根率可达 80%～100%，过了此期后剪取插条的生根率将大大下降。

在新梢停长前约 1 个月剪取未停止生长的春梢进行扦插不但生根率高，而且比夏季剪插条多 1 个月的生长时间，一般到 6 月末时即已生根。用未停长的春梢扦插，新梢上尚未形成花芽原始体，第二年不能开花，有利于苗木质量的提高。而夏季停止生长时剪取插条，花芽原始体已经形成，往往造成第二年开花，不利于苗木生长。因此，当春梢一形成时即可剪取插条。插条剪取后立即放入清水中，避免捆绑、挤压、揉搓。

2. 插条准备

插条长度因品种而异，一般至少留 4～6 片叶，插条充足时可留长些，如果插条不足可以采用单芽或双芽繁殖，但以双芽较为适宜，留双芽既可提高生根率，又可节省材料。扦插时为了减少水分蒸发，可以去掉插条上部 1～2 片叶。枝条下部插入基质，枝段上的叶片去掉，以利于扦插操作。但去叶过多影响生根率和生根后苗木发育。同一新梢不同部位作插条生根率不同，基部作插条生根率比中上部低。

3. 生根促进物质的应用

蓝莓绿枝扦插时用药剂处理可大大提高生根率。常用的药剂有萘乙酸、吲哚丁酸及生根粉。采用速蘸处理，浓度为萘乙酸 500～1000mg/L、吲哚丁酸 2000～3000mg/L、生根粉 1000mg/L 可有效促进生根。

4. 扦插基质

在美国蓝莓产区，最常用的扦插基质是草炭：河沙（1：1）或草炭：珍珠炭（1∶1）。也可单纯用草炭扦插。我国蓝莓育苗中采用的最理想的基质为草炭。草炭作为扦插基质有很多优点，草炭疏松，通气好，而且为酸性，营养比较全，作扦插基质时由于酸性，可抑制大部分真菌。扦插生根后根系发育好，苗木生长快。

5. 苗床准备

苗床设在温室或塑料大棚内，在地上平铺厚 15cm、宽 1m 的苗床，苗床两边用木板或砖挡住。也可用育苗塑料盘，装满基质。扦插前将基质浇透水。在温室或大棚内最好装置全封闭弥雾设备，如果没有弥雾设备，则需在苗床上扣高 0.5m 的小拱棚，以确保空气湿度。如果有全日光弥雾装置，绿枝扦插育苗可直接在田间进行。

6. 扦插及插后管理

苗床及插条准备好后，将插条用生根药剂速蘸处理，然后垂直插入基质中，间距以 5cm×5cm 为宜，扦插深度为 2～3 个节位。

插后管理的关键是温度和湿度控制。最理想的是利用自动喷雾装置，利用弥雾调节湿度和温度。温度应控制在 22～27℃ 之间，最佳温度为 24℃。特别要加强水分管理，因为枝条嫩而夏季温度高，水分供应不足会使插条发生失水，而过湿又容易引起病害和腐烂，要特别处理好保湿和通风的关系。最初可使用薄膜覆盖和遮阴，在插床的一端装置通风扇以保证适当的通风，防止发生水滴凝集。但通风过分又会引起插条失水凋萎，也须防止。每 10min 喷雾 3s 的间歇喷雾保湿效果很好。在床温超过 22℃ 时必须保持插条的叶面不干，低于 22℃ 时暂停喷雾。一般是白天喷雾和通风，夜间停止。喷雾用水的水质很重要，不能用塘水。如果是微酸性水最好，不可含盐。

如果是在棚内设置小拱棚，需人工控制湿度和温度，为了避免小拱棚内的温度过高，需要半遮阴。生根前需每天检查小拱棚内的温度和湿度，尤其是中午，需要打开小拱棚通风降温，避免温度过高而造成死亡。当生根之后，小拱棚撤去，此时浇水次数也适当减少。及时检查苗木是否有真菌侵染，发现时将腐烂苗拔除，并喷600倍多菌灵杀菌，控制真菌的扩散。注意病虫害的防治，若发现虫孔，浇灌辛硫磷，每7天喷施杀菌剂1次。

7. 促进绿枝扦插苗生长的技术

扦插苗生根后（一般6～8周），开始施肥，施入完全肥料，溶于水中以液态浇入苗床，浓度为3%～5%，每周施入1次。

绿枝扦插一般在6～7月进行，生根后到入冬前只有1～2个月的生长时间。入冬前，在苗木尚未停止生长时，给温室加温，利用冬季促进生长。温室内的温度白天控制在24℃，晚上不低于16℃。

8. 休眠与越冬

扦插的蓝莓苗需要在大棚内越冬，贮藏期间注意保湿防鼠。

9. 苗木抚育

经硬枝或绿枝扦插的生根苗，于第二年春移栽进行人工抚育。比较常用的方法是营养钵。栽植营养钵可以是草炭钵、黏土钵、泥土钵和塑料钵，但以草炭钵最好，苗木生长高度和分枝数量都高。营养钵大小要适当，一般以12～15cm口径较好。营养钵内基质用草炭（或腐苔藓）与河沙或珍珠炭按1：1混合配制，并加入硫黄粉1kg/m³，苗木抚育1年后再定植。

10. 苗圃管理

第二年苗圃管理以培育大苗壮苗为目的，注意以下环节：①经常灌水，保持土壤湿润；②适当追施氮磷钾复合肥，促进苗木生长健壮；③及时除草；④注意防治红蜘蛛、蚜虫以及其他食叶害虫；⑤8月下旬以后控制肥水、促进枝条成熟。

11. 苗木出圃

10月下旬以后，将苗木起出、分级，注意防止机械损伤，保护好根系。

12. 绿枝扦插后插条的正常变化和不良反应

在绿枝扦插过程中，插条在外表上有多种变化与生根有关系。扦插后，叶片的颜色会稍微变黄，插条的基部会有一个宽度不超过 0.5cm 的环形突起，这是根系将要长出的位置。生根剂处理过的插条叶色变黄更加明显，甚至下部的叶片有脱落的现象，这正是处理有效的反应，不必担心。

有些绿枝插条的顶端有少量尚未木质化的部分，这部分在阳光较强烈时可能会出现轻微萎蔫，也无关紧要。但若半木质化部分的枝条出现明显的褶痕状的小沟，则是失水过多的表现，因失水而形成的这种痕迹复水后不会消失。对于发育较为成熟的插条，有较高程度的木质化，叶片已成为革质，失水较多时短时间内从叶片上也看不出来，而在枝条表面会留下许多纵向的脊和沟相间的条纹，这种条纹复水后也不易恢复。失水较多后叶片往往会突然变黄，这种变黄和生根剂处理后的变黄是不一样的。后者是自基部叶片开始向上发展，而且有一个渐进的过程；而前者全部叶片一起变黄，而且变化突然。失水所造成的伤害直接影响生根，会造成生根迟缓，严重者插条逐渐干枯死亡。

绿枝插条顶端的侧芽若在扦插后不久（1～2周）即开始萌动或发芽，有人会误以为是扦插成活的表现，其实这对生根是不利的。早期的侧枝生长越旺盛，生根越困难，越需要更长的时间。这种侧芽过早萌发的现象和生根后正常萌发是有区别的。前者所产生的侧枝往往因营养缺乏而发生黄变，后者产生的侧枝往往叶色正常，是根系发育充分的表现。侧芽过早萌发时侧枝生长较旺盛的插条往往还伴随着基部不同程度的腐烂。

插条基部腐烂也是一种不利于生根的反应。基部腐烂并不总是可以归因于水分过多或排水不良，它和侧芽过早萌发一样，主要由插条的生理状态决定。如果腐烂程度较轻，插条仍然能够生根，只是生根时间会大大延长；如果腐烂较严重（如达基部 2cm 以上），而且有加重的趋势，则应尽早处理掉，以便腾出空间继续插新条。有趣的是，有时腐烂不仅不是因为水分过多，而且还是由失水过度所致的。这是因为虽然失水严重，但尚不足以使枝条突然干枯，但插条已严重受害，生活力下降，其插入基质的部分因较湿润而腐烂发黑。若出现因失水而导致的基部腐烂现象，则插条已无生根成活的希望，应尽早清理掉。

三、组织培养

1. 植物组织培养的含义

植物组织培养是指在无菌条件下，将离体的植物器官、组织、细胞或原生质体，培养在人工配制的培养基上，人为控制培养条件，使其生长、分化、增殖，发育成完整植株或生产次生代谢物质的过程和技术。由于组织培养是在脱离植物母体的条件下进行的，所以也称为离体培养。凡是用于离体培养的细胞、组织或器官（如茎尖、叶、花粉等）统称为外植体。

2. 植物组织培养的基本理论

植物组织培养的理论依据是细胞全能性。所谓细胞全能性就是指植物体的任何一个有完整细胞核的活细胞都具有该种植物的全套遗传信息和发育成完整植株的潜在能力。植物细胞的全能性是潜在的，要实现植物细胞的全能性，必须具备一定的条件：①体细胞与完整植株分离，脱离完整植株的控制；②创造理想的适于细胞生长和分化的环境，包括营养、激素、光、温、气、湿等因子。只有这样，细胞的全能性才能由潜在的变为现实的。植物的离体组织、器官、细胞或原生质体在无菌、适宜的人工培养基和培养条件下培养，满足了细胞全能性表达的条件，因而能使离体培养材料发育成完整植株。在自然状态下完整植株不同部位的特化细胞只表现出一定的形态与生理功能，构成植物体的组织或器官的一部分，是因为细胞在植物体内所处的位置及生理条件不同，其分化受到各方面的调控，某些基因受到控制或阻遏，致使其所具有的遗传信息得不到全部表达的缘故。

3. 植株再生过程

植株再生的过程即为植物细胞全能性表达的过程，一般经过脱分化和再分化两个阶段。一般所说的细胞分化是指细胞在分裂过程中发生结构和功能上的改变，逐渐失去分裂能力，形成各类植物组织和器官。由种子萌发到长成完整植株，这是胚性细胞不断分裂和分化的结果。所谓脱分化正好与分化过程相反，是指植物组织培养中构成离体植物器官和组织的成熟细胞或已分化的细胞转变成为分生状态的过程，即诱导成为愈伤组织的过程。其特征是已失去分裂能力的细胞重新获得了分裂能力。所谓愈伤组织是指在人工培养基上经诱导后外植体表面长出来的一团无序生长的薄壁细胞。脱分化的难易程度与植物的种类、组织和细胞的状态有关。一般单子叶植物比双子叶植物难；成熟的植物细胞和组织比未成熟的植物细胞和组织难；单倍体细胞比二倍体细胞难。所谓再分化是指由脱分化的组织或细胞转变为各种不同的细胞类型，由无结构和特定功能的细胞团转变为有结构和特定功能的组织和器官，最终再生成完整植株的过程。

4. 组培的一般工作程序

植物组织培养的完整过程一般分为制订培养方案、外植体选择与处理、接种、初代培养、继代培养、壮苗与生根培养、试管苗驯化移栽等几个技术环节（图 4-1）。

制订培 → 外植体选 → 接种 → 初代培养 → 继代培养 → 壮苗与生 → 试管苗
养方案   择与处理   根培养   驯化移栽

图 4-1　组织培养的一般工作过程

5. 蓝莓组培育苗

组织培养方法已在蓝莓上获得成功，应用组培方法繁殖速度快，适宜于优良品种的快速扩繁。

(1) 外植体的选取　适宜用作蓝莓组培的外植体材料有茎尖、茎尖生长点、茎段、腋芽、幼叶及叶柄等。生产上蓝莓组培快繁主要采取茎尖或茎段作为外植体材料。茎尖可以进行脱毒处理培育无毒苗木。

在采取茎段为外植体材料时，要注意采集的时期，在北方地区，一般于蓝莓生长季节选择健壮、无病虫害的半木质化新梢，采取外植体应在天气连续晴好 3～4d 后进行，选择晴天上午采集枝条。每年 3～5 月取材。

(2) 消毒和接种　带回的外植体材料用洗涤剂和自来水冲洗干

净，切成 1.0～1.5cm 长的枝段。用饱和洗衣粉溶液清洗 10min 后，再用自来水冲洗 10min，在超净工作台上进行消毒处理。用 70%酒精溶液灭菌 1min，0.1%升汞灭菌 5～10min，无菌水冲洗 5 次。然后采用单芽茎段诱导时，灭菌后应切去芽段两端 1.5mm。将单芽接种在改良 WPM 培养基中。注意不要下端朝上。动作要快，尽量减少材料与空气的接触时间，减少褐变，提高成活率。接种好的材料在温度 20～30℃、光照 12h/d 的条件下进行培养。

(3) 诱导培养 用改良 WPM 培养基，温度 20～30℃，光照 12h，30d 后可长出新枝。

(4) 继代培养 初代培养 30d 后进行继代培养，将初代培养材料转接到新鲜培养基上，45～50d 为一个周期。温度 20～30℃，光照 2000～3000lx，12～6h/d。

(5) 炼苗 将准备瓶外生根的瓶苗，放在强光下，并逐渐打开瓶口，经常转动瓶身，使之适应外界条件。一般需 7～15d 时间。

(6) 瓶外生根 由于试管内生根后需要炼苗，而且生根苗的根系长在培养基中，移栽比较复杂，对根系的破坏性大，因此，有人曾试验让幼枝在试管外生根。注意要提前进行炼苗，提前 3d 打开组培瓶瓶盖进行过渡，让组培苗逐渐适应外界环境。生产上一般在温室或冷棚内生根，时间在 3～6 月份最佳。其做法是：当幼枝在生根培养基中培养至即将生根时即从试管中取出，转移至移栽基质中，然后按照全光照扦插的方式进行管理，取得了很好的效果。也有人不经过生根培养基，而将增殖后的幼枝切成 5～10cm 的枝段，然后经用 1000～2000mg/L 的 IAA 或生根粉速蘸处理后直接扦插于基质上。

(7) 扦插后管理 在育苗温室或冷棚外用遮阳网遮光，然后扦插，扦插以后扣上小拱棚，如果能够保持空气湿度，也可以不扣小拱棚。温度控制在 20～28℃，最低 16℃，最高不超过 35℃，高于 35℃时，放风或喷水降温。空气湿度保持在 90%左右。培养 15～20d 即可生根。生根后一个月小拱棚放风，并逐渐撤去拱棚，每隔 10～15d 浇施 0.2%硫酸铵、0.2%硫酸亚铁一次。一直到翌年 9 月停止施肥。9 月以后，撤掉温室或冷棚外的遮阳网，增加光照，使苗木生长充实健壮，直到越冬前休眠，即为一年生苗。

(8) 越冬休眠 一年生苗木可以在温室或冷棚内直接越冬。东北地区入冬前需要将苗木贮存起来，第二年移栽到营养钵里进行抚育。

如果利用日光温室进行育苗，当年9月至第二年的3月均可进行扦插，以后随着气温逐渐升高，5月中旬开始进行炼苗，温室应逐渐放风，直到全部打开，需20～30d。此时，幼苗高度为20～30cm，有3～5个分枝。即可进行露地抚育，将苗木移栽到12～15cm口径的营养钵中。营养土按照园土：草炭＝1：1或2：1，加入适量的有机肥，同时加入硫黄粉1～1.5kg/m³。到秋季即可培育成大苗，即可定植。

四、嫁接繁殖

嫁接繁殖常应用于高丛蓝莓和兔眼蓝莓，方法主要是芽接，嫁接的时期是在木栓形成层活动旺盛、树皮容易剥离时期。其方法与其他果树芽接基本一致。

1. 砧木和接穗的准备

(1) 砧木 蓝莓嫁接繁殖可用同种或同属的实生苗作为砧木。国外有时将兔眼蓝莓嫁接在白莓（*Vaccinium aboreum*）上。国内有报道采用与越橘同科同属的乌饭树（*V. bracteatum* Thunb.）作砧木嫁接高丛蓝莓的试验。用乌饭树嫁接高丛蓝莓亲和力较强，嫁接口愈合良好，成活率达72.6%～88.7%；通过乌饭树嫁接的高丛蓝莓，表现出比扦插苗更强的适应性和抗逆性，以及更好的生长势和结果表现；用乌饭树嫁接的高丛蓝莓，能消除或减轻缺磷、缺镁、缺铁等缺素症的发生。乌饭树资源丰富，且扦插也较蓝莓容易，成活率可达74.3%。因此，利用乌饭树嫁接蓝莓简便易行。特别是对栽培商品价值较高而采用组培等其他繁育方法相对不易、南方栽培相对较难的高丛蓝莓，有更大的应用价值。

利用兔眼蓝莓作砧木嫁接高丛蓝莓，则可提高蓝莓对土壤的适应性。可以在不适于高丛蓝莓栽培的土壤上（如山地、pH值较高的土壤）栽培高丛蓝莓。国外也通过选择适宜的砧木，通过嫁接来实现蓝莓的乔化栽培。如果采用实生苗作为嫁接砧木，作砧木的实生苗必须达到一定的粗度，一般直径不低于6mm。

（2）接穗 接穗宜选择粗壮的1年生营养枝中下部无花芽的粗壮部分。若以枝条上部细弱部分作接穗，则苗木生长势较弱，成苗较慢。接穗可在嫁接当时采截，也可在冬季修剪树体时提前选取。提前选取的枝条一定要放在保湿和通风的环境中，可放在湿沙中于荫凉处保存，像处理种子一样，避免将作接穗的枝条放在温暖处，以防提前发芽。

2. 嫁接的方法和时期

蓝莓适宜的嫁接方法有枝接（劈接、切接、腹接）和"T"字形芽接两种。枝接法宜在早春进行，"T"字形芽接一般在夏末秋初进行。

（1）绿枝劈接

① 接穗与砧木的选择：接穗要半木质化。砧木要稍粗于接穗的2年生营养钵苗。

② 嫁接方法与步骤。

削接穗：用劈接刀在接穗芽的下方削成楔形，一面薄一面厚，削口长度在1cm左右，留2~3个芽，顶端用油漆封顶。

劈砧木：在表面2cm左右选光滑处剪断，剪口要平整，用劈接刀劈砧木，劈口深度略长于接穗的削口长度。

嵌合：将接穗插到砧木切口里，薄面朝里，厚面朝外，形成层对齐。

绑缚：用嫁接塑料条绑严，防止失水与漏水。

（2）嵌芽接

① 接芽与砧木的选择：在生长壮、半木质化的枝条上选择饱满的芽作接芽，砧木要粗于取芽的枝条，并达到半木质化。

② 嫁接方法与步骤。

取芽：用芽接刀在芽的上方0.5cm处斜向下切入，在芽的下方0.5cm处呈45°向下切入，将芽取下保湿。

削砧木：将表面5cm以内的芽全部抹掉，在2cm处选平滑面斜向下切，在上切口下 1.5cm 左右斜向下切，取下切口废物。

嵌合：将接芽嵌合到砧木切口里，形成层对齐。

绑缚：一定要紧，一旦失水或漏水就难以保证成活率。

③ 嫁接注意事项。

速度：在保证质量的前提下越快越好，尽量减少削口与切口失水。

削口：削口一定要光滑，否则会影响愈伤组织的形成。

形成层：嫁接的关键就是形成层对齐，只有形成层对齐才能保证嫁接成活率。

绑缚：一定要紧，一旦失水或漏水就难以保证成活率。

(3)"T"字形芽接

① 削芽片：选接穗上的饱满芽作接芽。先在芽的上方 0.5cm 处横切一刀，深达木质部，然后在芽的下方 1cm 处下刀，由浅入深向上推刀，略倾斜向上推至横切口，用手捏住芽的两侧，轻轻一掰，取下一个盾形芽片，注意芽片不带木质部。

② 切砧木：在砧木距离地面 3～5cm 处，选择光滑无疤部位，用刀切一"T"字形切口。方法是先横切一刀，宽 1cm 左右，再从横切口中央向下竖切一刀，长 1.5cm 左右，深度以切断皮层不伤及木质部为宜。

③ 嫁接和绑缚：用刀尖或嫁接刀的骨柄将砧木上"T"字形切口撬开，将芽片从切口插入，直至芽片的上方对齐砧木横切口，然后用塑料绑紧，将叶柄、芽眼外露。

3. 嫁接后的管理

(1) 芽接 芽接苗成活后，应尽快松绑（解掉接口处的捆绑物）。如果嫁接时间较早，可将成活的接芽以上的砧木剪掉（简称剪砧），以刺激接穗萌发，当年有可能成苗；如果嫁接时间较晚，则松绑后暂不剪砧，可到翌年春季再剪砧。剪砧后的苗木应注意经常除萌（剪除砧木萌生的枝条），或抑制砧木萌生枝条的生长，以保持接穗的生长优势。

(2) 枝接 枝接成活后接穗即开始抽生新梢，而且可能生长得很快。如果嫁接口愈合得较好，则高接换种的接穗生长得更快。用单芽切接进行兔眼蓝莓的高接换种时，当年接穗所抽生的新梢长度可达1m，而且有较多分枝。这时接口处砧木和接穗的连接处组织的强度还不够，很难承受快速生长的接穗，尤其是遇到大风天气就更容易在接口处折断。因此，用切接方法枝接的，接穗成活后不宜过早松绑，而应等到接口充分发育后才能松绑。但如果延迟松绑，苗木绑扎处的加粗生长会受到限制，在绑扎较紧的部位形成明显的缢痕，此处也很容易折断。一般春季枝接成活的嫁接苗可以在6～7月份松绑。此时生长旺盛的接穗仍然比较脆弱，极易发生折断现象，因此，最好是先加固后松绑。加固的方法是：选适当粗度的小木棒，一端牢固地绑在砧木上（接口以下）或固定在地上，另一端将接穗（接口以上）绑牢，待接口愈合充分牢固、足以支撑接穗后再松绑。

嫁接成活除萌是嫁接苗管理的重要事项，成苗前要经过3次除萌，分别在嫁接后20～30d、50～60d、90～100d。如不及时除萌或对砧木上萌发的枝条不抑制，嫁接成活的接穗的生长会受到严重影响，甚至在生长优势竞争中被砧木所发枝条淘汰。但早期对砧木上的萌生枝条不需完全清除，可留一部分作为辅养枝（生产营养，供接穗生长）。对留存的这些辅养枝的生长可通过摘心、扭梢等进行控制，以保证接穗的生长优势。当接穗长到一定程度、能够营养"自给自足"时，才可以将砧木上萌发的枝条全部清除。嫁接苗一定要保证水分供应，土壤含水量60%左右。适宜的温度范围为20～25℃。刚刚嫁接的苗最好先用50%遮阳率的遮阳网遮上，待5～7d后逐渐撤掉。

五、其他繁殖方法

1. 实生繁殖

种子有生活力，但即使给予适宜的环境条件仍不能发芽，此种现象称种子的休眠。种子休眠是长期自然选择的结果。在温带，春季成熟的种子立即发芽，幼苗当年可以成长。但是秋季成熟的种子则要度过寒冷的冬季，到第2年春季才会发芽，否则幼苗在冬季将会被冻死，如许多落叶果树的种子具有自然休眠的特性。造成种子休眠的原因主要有种皮或果皮结构障碍、种胚发育不全、化学物质抑制等。种子的休眠有利于植物适应外界自然环境以保持物种繁衍，但是这种特性对播种育苗会带来一定的困难。种子需要在低温潮湿的环境中通过后熟过程才能萌发。

经研究认为，层积、化学药剂和激素加以打破种子的休眠，促使种子萌发。层积的方法是最常被人们使用的打破休眠的有效途径。对由于内含萌发抑制物质导致生理休眠的种子效果特别显著。层积包括变温层积与低温层积，低温层积对于强迫休眠和生理休眠都适宜，低温层积必须满足适宜的湿度、0～5℃的低温（因树种而异）、适度的通气和一定的时间。有效打破种子休眠的植物激素有GA、KT、乙烯利、IAA等，采用一些物理的方法可以有效解决由于种皮过硬而影响休眠的种子。很多植物的种子休眠是多样条件制约同时造成的，这需要多种途径配合使用。

(1) 种子采集　种子是良种壮苗的基础，直接关系到出苗率的高低、苗木质量。因此，对种子的采集一定要保证质量。要做到采集的采种母树品种纯正，生长健壮，结果良好，无病虫害等。采种时，要把握好种子的成熟度，充分成熟的种子才能使用。

(2) 种子处理　蓝莓果实成熟以后，应立即进行处理，否则会因为发热、发霉等原因，降低种子质量，甚至完全丧失生命力而无法使用。首先将采下的蓝莓果实捣碎，置于水中进行漂洗，要除去果皮、果肉和较瘪的种子，将剩下的饱满种子于阴凉通风处晾干后收集保存，注意不要暴晒在阳光下。种子也可以不晾干，放在冰箱冷藏室内保存。但湿种子的保存温度切不可过低，因为种子尚未休眠，含水量较高，温度过低会冻坏种子，使其丧失生活力。如果保存时间较长，则要注意不仅要保湿，而且要经常透气。矮丛蓝莓的种子取出后最好立即播种。如果不能立即播种，则要保湿，以防种子进入休眠。种子一旦失水被迫进入休眠，则需 2 年的时间才能打破休眠。

兔眼蓝莓和高丛蓝莓的种子如果经过干燥，在播种前需进行层积处理。可以将种子和湿沙混合在一起，低温保存，1～2 个月后即可播种。层积处理可以在自然环境下，也可以在冰箱冷藏室中进行。

据报道，用赤霉素处理种子可以促使种子萌发，甚至可以使种子在黑暗的情况下萌发。赤霉素浓度可以在 $100\sim1000mg/kg$。但在高浓度下处理的时间不宜过长。

(3) 播种　播种前的土壤管理对出苗率及幼苗的生长状况影响很大。土壤准备主要包括防治病虫草害的土壤处理、整地作畦等任务。播种前，最好用蒸汽处理土壤，一方面进行土壤消毒，更重要的是杀灭土壤中的草籽。但不可在烘箱中烘烤，以防泥炭燃烧。

育苗土壤最好选用酸性、疏松透气、保水透水性能好的土壤。也可用泥炭藓作为播种基质，效果很好，但移栽较困难，而且在很多地方泥炭藓不容易获得。用泥炭和珍珠岩或泥炭和沙子的混合物作为播种基质效果也很好。播种前将播种基质放于播种盆或育苗盘中并压平，因为蓝莓种子较小，所以播种方法采用撒播的方式，将蓝莓种子均匀地撒在基质上，在种子上再均匀地撒上一层石英砂，石英砂的厚度以 $2\sim3mm$ 为宜，然后用喷雾器浇透水。播种后，播种盆最好放在自动喷雾的环境下。如果没有自动喷雾装置，可在播种盆的上面盖上玻璃或置于小拱棚内，并经常对盆土进行人工喷雾，以便保湿。

蓝莓播种温度以 $10\sim30℃$ 的变温为好，而在 $17℃$ 的恒温下种子不能发芽。实际上，在春季播种时这种变温条件在自然环境下很容易得到，而不需刻意进行控制。蓝莓萌发需要的时间较长，需 $1\sim2$ 个月，甚至 2 个月以后仍有陆续出土的。在这期间一定要保证适宜的温湿度、光照、通气，而且要防止杂草滋生。

(4) 幼苗管理　大部分幼苗出土后，即可将盖在育苗盆上的玻璃移开，并挪离自动喷雾的环境。这时应避免过分潮湿的环境，以防止幼苗因湿度过大而产生病害。

实生苗较弱小，生长缓慢，需及时防除杂草。当实生苗长到足够大时（一般在出土后 2 个月左右），或幼苗已显得较为拥挤时，应及时移栽。移栽时不要损伤幼苗，并要多带土。移栽后要适当遮阴数日，或放在自动喷雾环境下，直至根系恢复生长。

种子繁殖容易产生变异，不能完全保持母本的优良性状，在生产上要慎用。但可以通过种子繁育新品种。

2. 根插

适用于矮丛蓝莓。即于春季萌芽前挖取根状茎，剪成 5cm 长的根段，育苗床或盘中先铺一层基质，然后平摆根段，间距 5cm，然后再铺一层厚 2～3cm 的基质，根状茎上不定芽萌发后即可成为一株幼苗。

3. 分株

适用于矮丛蓝莓。许多矮丛蓝莓品种如"美登""斯卫克"根状茎每年可从母株向外行走 18cm 以上，根状茎上的不定芽萌发出枝条后长出地面，将其与母株切断即可成为一株新苗。

第五章
蓝莓生态学特性及科学建园

第一节　蓝莓生态学特性

　　果树与生态环境是一个互为因果、协调发展的统一体。首先，环境决定果树生长发育，影响果树产量和品质，果树生产就是为果树生长发育创造最理想的环境条件。其次，果树本身是构成环境、改善环境的重要因素，它能有效保持水土、调节微域气候、改善生态环境及人居环境。因此，环境协调是在了解果树生长发育规律的基础上，为各类果树选择最佳环境，通过生产技术使其适应环境，并最大限度地改善环境。

　　果树的生态环境条件是指果树生存地点周围空间一切因素的总和。它包括气候条件、土壤条件、地形条件、生物条件等。其中，温度、光照、水分、土壤、空气等是直接生态因子；风、坡度、坡向、海拔高度等，则是间接生态因子。

一、温度

温度是蓝莓生命活动的必要因素之一。它影响着蓝莓不同品种群的地理分布，制约着蓝莓的生长发育速度，内在的一切生理、生化活动和变化，都必须在一定的温度条件下进行，它对生长和结果起决定性影响。

在综合外界条件下，能够使果树萌芽的日平均温度叫生物学零度，即生物学有效温度的起点。落叶果树的生物学零度为 6～10℃。果树生长季或某个发育期有效温度的累积值，称为生物学有效积温。有效积温不足，往往抑制或延迟枝条生长，影响果实成熟，从而造成生长量不足，品质变差，产量降低。冬季最低温度及其持续时间是决定果树生育和栽培成功的关键因素。大多数北方果树在冬季最低温度达－30～－20℃时受冻，具体因树种品种而有差异。

果树生产上采用的许多技术均以协调温度条件为目的，以满足果树生产需要。如设施栽培技术的核心是在不适宜果树生长的时期和地区，为果树创造适宜的温度条件，完成生产过程。

1. 温度与生长发育

北高丛蓝莓在 8～20℃ 之间，气温越高，生长越旺盛，果实成熟也越快。矮丛蓝莓的光合作用随温度从 13～29.5℃ 而增加。在水分和营养充足的情况下，气温每上升 10℃，生长速度约增长 1 倍。在气温降至 3℃ 时，即使不遇到霜冻，植株的生长活动也会停止。早熟品种对于气温的基本要求是生长期达到 120～140d，而晚熟品种则不能少于 160d。

蓝莓生长季节可以忍受周围环境中 40～50℃ 的高温，气温达到 30℃ 时叶片的光合作用会下降。虽然品种间的耐热性有差异，但一般来说，叶面温度超过 20℃ 时生长停滞，超过 30℃ 就有可能引起热害。高丛蓝莓的果实品质与夏季高温成反相关。

半高丛和矮丛蓝莓生长季节可忍耐 30～40℃ 的高温，高于此温度，蓝莓对水分的吸收能力减退，造成生长发育不良。矮丛蓝莓在30℃时比18℃时生长较快，而且产生较多的根状茎。矮丛蓝莓春季温度过低，其生长发育会受到限制，在10～21℃之间气温越高，生长越旺盛，果实成熟也越快。

大部分北方高丛蓝莓品种可耐−26～−23℃的低温。在深度休眠的情况下，高丛蓝莓最低可耐−40～−35℃的低温。但气温一旦上升到−2.2℃时，就有可能引起脱锻炼。如果在这样的气温下时间较长，而且地面没有雪被，则可引起根系严重冻害。矮丛蓝莓除了枝条顶端的2个花芽抗寒性较差外，枝条上的其他花芽在正常情况下1～2月份可耐−40～−35℃的低温。早春低温对矮丛蓝莓的生长不利，大小兴安岭区域栽培蓝莓当遭受早春霜害时，叶片虽然不脱落，但是会变为红色，从而影响光合作用，叶片变红后，待气温升高约一个月后才能转绿。

在美国，兔眼蓝莓常常发生冬季或早春的周期性花芽冻害。兔眼蓝莓花芽的抗寒性与花芽的发育阶段有关，发育阶段愈高，愈容易受冻；接近开花时，抗寒性呈直线下降。梯芙蓝和乌达德的花芽及叶芽的抗寒性相似，在没有萌发前能耐−15℃的低温，而绽开的芽在−1℃的温度下就会受冻，−5℃的低温可以杀死虽未绽开而即将绽开的花芽中的子房。

温度对花芽和果实发育也有很大影响，矮丛蓝莓在25.6℃时形成的花芽数量远远大于在15.6℃时形成的花芽数量，因此，生长季节的花芽形成期出现低温往往造成矮丛蓝莓第二年严重减产。高丛蓝莓坐果率在16～27℃时比冷凉气温8～24℃高近1倍。而且高温时，果实发育很快，果个大，成熟期比低温条件时平均提早2～5d。

2. 冷温需要量

蓝莓自然休眠需要在一定的低温条件下经过一段时间才能通过。生产上通常用果树经过0～7.2℃低温的累积时数计算，称之为"果树需冷量"。即果树在自然休眠期内有效低温的累积时数，为该果树的需冷量。但在蓝莓的自然休眠过程中，温度变化情况是复杂的，需用犹他模型估算需冷量。不同蓝莓品种群的自然休眠需

冷量差别很大。高丛蓝莓要达到正常的开花结果一般需要 650～
800h 低于 7.2℃ 的低温，不同品种之间冷温需要量不同，花芽比叶
芽的冷温需要量少。虽然 650h 的低温能够完成树体休眠，但是只
有超过 800h 的低温，高丛蓝莓才会较好的生长。所以 800h 的低温
是高丛蓝莓的最低需冷量，而 1000h 的低温休眠最好。

多数兔眼蓝莓低温需求量相当于高丛蓝莓的 1/3～1/2，但品
种间差异很大（表 5-1）。在美国南方栽培的兔眼蓝莓 0～7.2℃ 低
温 400h 以下即可正常生长结果。如兔眼蓝莓中彼肯品种低温需求
量为 360h。但蓝铃品种低温需求量为 450h，梯芙蓝品种为 850h。
昼夜温度变化影响芽的开绽。梯芙蓝在休眠期最有效的温度是白天
15℃ 8h，夜晚 7℃ 16h；如果改为白天 18℃ 10h、夜晚 7℃ 14h 则
使芽开绽推迟。但是，积累的冷温量并不能被高温抵消。

表 5-1　高丛蓝莓和兔眼蓝莓低温需求量

品种		<7.2℃的时间/h
高丛蓝莓	泽西	1060
	卡伯特	1060
	先锋	1060
	六月	1060
	柏林	950
	迪克西	950
	卢贝尔	800
	佛罗里达 3 倍体	<400
	梯芙蓝	850
兔眼蓝莓	顶峰	650
	巨丰	750
	乌达德	650
	蓝宝石	450
	蓝铃	450
	彼肯	360

3. 抗寒性及冻害

由低温造成的伤害，其外因主要取决于温度降低的程度、持续
的时间和发生的时期；内因主要取决于树种、品种及其抗寒能力，
此外还与地势、树势有关，不同树种、品种对低温的抵抗能力不

同，在不同的低温下，不同树种、品种受冻害的程度也不同。冻害是指0℃以下低温侵袭，组织发生冰冻所造成的伤害。

蓝莓对低温的忍受能力主要依赖于植物进入低温驯化的程度。蓝莓的不同品种抗寒能力不同，矮丛蓝莓抗寒性最强，半高丛次之，高丛最差。同一种类内不同的蓝莓品种抗寒性也不同。高丛蓝莓中的蓝丰、蓝线抗寒力最强，半高丛蓝莓中的北陆、北蓝、北空抗寒力较强。矮丛蓝莓品种除了它本身抗寒能力较强外，另一个原因是因为它树体矮小，在寒冷地区栽培时冬季雪大可将其大部分覆盖，因此它可安全露地越冬。

蓝莓一般以枝梢、花芽、根茎易受冻害。在同一枝条内，各组织间的抗寒力不同。一般是以髓部、木质部、皮层、形成层而依次增强。蓝莓冻害类型主要有抽条、花芽冻害、枝条枯死、地上部分死亡等，全株死亡现象较少。其中最常见的是抽条，冬季少雪、入冬前枝条发育不好、秋季少雨干旱均可引起枝条抽干现象发生。其次是花芽冻害，花芽着生的位置和发育阶段与其抗寒性密切相关。枝条基部着生的花芽抗寒力比顶部的强。基于这一点，在北方寒冷地区栽培蓝莓时应选择花芽形成在枝条基部多的品种，以保证产量。兔眼蓝莓花芽未开绽可抵抗−15℃低温，而开绽后0℃即可造成冻害死亡。

4. 霜害

霜害最严重的是危害蓝莓的芽、花和幼果，在盛花期，如果雌蕊和子房低温几个小时后变黑即说明发生冻害。解剖花芽后发现各器官在低温后变为暗棕色，说明花芽受到了霜害。霜害虽然不能造成花芽死亡，但是会影响花芽的发育，造成坐果不良，果实发育差。花芽发育的不同阶段，蓝莓的抗寒能力也不同。花芽膨大期可抗−6℃低温，花芽鳞片脱落后−4℃的低温可冻死。露出花瓣但尚未开放的花−2℃的低温可冻死。正在绽放的花，在0℃时即可引起严重的伤害。不同品种对霜害的抗性不同，主要原因是开花期不同。开花早的品种最易受霜害。高丛蓝莓品种蓝线开花早，早春霜害严重，而兔眼蓝莓中的顶峰和布莱特蓝品种开花晚，霜害也轻。

5. 高温伤害

生长期温度过高会破坏光合作用和呼吸作用的平衡关系,气孔不闭,促进蒸腾,从而使树体呈饥饿失水状态。夏季热量过多,果实成熟推迟,果实小,着色差,香味亦差,耐贮性低。夏季高温会导致日烧的危害。秋冬季温度过高,落叶果树不能及时进入休眠或按时结束休眠。

当气温达到30℃时,蓝莓光合作用下降。不同品种的耐热性有所差异,泽西、埃利奥特品种的抗热性高于斯巴坦、蓝线和北卫。虽然有报道说高丛蓝莓可短期忍耐50℃高温,但一般来说,叶面温度超过20℃时生长停滞,超过30℃就可引起热害。在全光下叶温可比气温高出15℃;比较小的果实,甚至会比气温高28℃。在极端高温下,因为吸收的水分少于损失的水分,植株就会死亡。一般来说,高丛蓝莓的果实品质与夏季高温成反相关。

6. 土壤温度

土温对根系和枝条生长的影响也不能忽视。因为蓝莓根系是很细的纤维状根,而且分梢浅,没有根毛。对土壤环境的要求相对比较高。北高丛蓝莓的根系全年都在生长,有两次迅速生长期,一次在6月初,另一次在9月。在此期间土温为14~18℃。超出这个范围以外则生长缓慢。在16℃下根和枝条的生长最旺,低于8℃时生长势大大下降。

二、光照

光照通过影响光合作用及营养生长和生殖生长而成为果树的主要生存因素。光照强度、光谱成分、日照长度是衡量光照状况的重要指标。

光照强度是单位面积内的光通量,随纬度、海拔、季节、大气及树冠中的位置而变化。在一定范围内光照强度与光合作用成正相关。通常光照强度在5000~500000lx,能满足大多数果树的要求。一般以自然光强的30%为有效光合作用的下限。

光谱成分对果树光合作用有较大的影响。从来源上分，作用于果树的光有两种，即直射光和漫射光。直射光的强度大，而漫射光含有50％～60％植物所需要的红、黄色光，几乎全部可被利用。从投射光的方向来分，果园受光的类型分为上光、下光、前光和后光。上光和前光是太阳从空中直接照射到树冠上方和侧方的直射光和漫射光，是果树接受的主要光源。下光和后光是地面及树后物体反射到树冠下部和后部的漫射光。光谱成分对果树的均衡发育和协调结果有重要意义。日照长度取决于地理纬度、海拔、天气及果树树形与栽植密度。

长日照有利于蓝莓的营养生长，而花芽分化则需在短日照条件下进行。在全日照条件下果实质量好。较高的全日照的光照强度是花芽大量形成的必要条件。在全日照下果实品质最好。因此在蓝莓栽培过程中，光是相当重要的环境因素，光的影响包括光周期、光照强度和光质三部分。

1. 光周期

光周期是指一日中的日照长度或指一日中昼夜交替的时数。植物的光周期现象则指光周期对植物生长发育的反应，光周期对蓝莓的生长发育有重要作用，影响着蓝莓的营养生长和生殖生长的进行。在长日照条件下，有利于蓝莓的生长发育。12h以上的光照可以促进矮丛蓝莓和半高丛蓝莓的营养生长，营养生长随光照时数从8h到16h不断增加而增加，在16h时达到最高值。但是高于16h的条件下，只有营养生长而不能形成花芽。营养生长对光照时间的反映在21℃时最敏感，而温度低于10℃时不敏感。

光照时间的长短对花芽形成有很大的影响，当光照时数超过16h，蓝莓只有营养生长而不能形成花芽。当光照时数缩短时，花芽形成数量增加。光照时数为8h，花芽形成数量达到最大值。

短日照的时间对花芽分化是必要的，矮丛蓝莓在8h的短日照，时间为6周的条件下花芽分化最好，当短日照小于30d时，产生畸形花芽，短日照小于35d时花芽发育正常，花序中的花朵数量减少。比较适宜的短日照时间为8～9周。适宜的短日照处理，可促进生长素合成。长日照处理可钝化和分解生长素。短日照处理也能促进赤霉素物质的合成，从而促进花芽形成。

在蓝莓苗木繁育时，供给 16h 长光照比供给 8h 短光照生根率高而且根系质量好。

2. 光照强度

光照强度是指单位面积上接受可见光的能量。简称照度，单位勒克斯（lx）。一天中以中午最大，早晚最小；一年中夏季最大，冬季最小。夏季晴天的中午露地照度大约在 10 万勒克斯，冬季大约在 2.5 万勒克斯。而阴天是晴天的 20%～25%。光照强度的大小对蓝莓的光合作用有很大的影响。大多数矮丛蓝莓的光饱和点为 1000lx，当光照强度小于 650lx 时极显著地降低光合速率，矮丛蓝莓由于树冠交叉、杂草等影响光照强度，常处于光饱和点以下，光合速率只能达到最大光合速率的 50%～60%，从而引起产量下降。因此，应做好株丛的修剪与果园的清耕除草工作。

较高的光照强度是花芽大量形成的必要条件，将矮丛蓝莓用布遮阴，花芽形成量比全光照时大大降低。光照强度小于 2000lx 时，矮丛蓝莓果实成熟推迟，果实成熟率和可溶性固形物下降。在离体培养条件下常用的光量在 2000～4000lx，通常难以达到 4000lx，一般光量在 2000～3000lx，光照强度的高低直接影响器官分化的频率。在蓝莓育苗中，常采用适当的遮阳以保持空气的湿度，但是全光照条件生根率提高，并且根系发育得好，所以应尽可能地增加光照强度。

3. 光质

光质是指光的波长，过多的紫外线对蓝莓的生长和发育有害，正常的晴朗天气到达地面的紫外线为 10.5UV-B 单位。处于正常光照 4 倍的紫外光时，果实表面产生日烧现象。紫外光增加抑制营养生长，而且花芽形成明显下降。

三、水分

水是果树生存的重要生态因素，果树树体的 50%～97% 由水组成。水是果树生命活动的原料和重要介质，参与果树的各种生理活动。水可以调节树体温度，避免或减轻灾害。水对土壤中矿物质的溶解和促进根系吸收利用起着极为重要的作用。

果树在年周期的不同阶段对水分的需求具有一定的规律。特点是：生长期大量需水，休眠期需水少；在生长期中，前期需水多，后期较少。具体要求是：萌芽期要求水分充足；花期要求空气及土壤水分适宜；新梢旺长期为需水临界期；花芽分化期需水相对较少；果实成熟期至落叶前水分不宜过多；冬季需水少，但缺水易造成冻害和抽条。蓝莓是浅根系植物，对水分亏盈比较敏感。不同种类和品种的蓝莓，耐干旱和水分胁迫能力不同。

1. 临界水势

引起水分胁迫的主要原因是气孔阻力的增加。一些树冠较大的品种如"梯芙蓝"对水分胁迫比较敏感，当白天蒸发量大时，根系不能吸收充足的水分，影响结果，从而产量下降。当树体中水势降低时，蓝莓的气孔阻力迅速增加，即使是中等水分胁迫也会显著地阻碍生长。

2. 水分平衡

蓝莓叶片由于有一层蜡质，气孔扩散阻力比其他植物高，所以蒸腾速率较低。兔眼蓝莓是蓝莓中较为抗旱的种类，当水势每下降1.0mbar（1mbar＝100Pa），蓝莓叶片中的相对水分含量就下降6.4%。

灌水可以降低兔眼蓝莓气孔扩散阻力的50%，并增加蒸腾速率70%，但不影响木质部的水势，还可以使浆果重增加25%。但是应用抗蒸腾剂可以使叶片气孔扩散阻力增加1倍，使蒸腾速率下降60%，使浆果重增加31%。

3. 耐干旱胁迫能力

在持续干旱条件下，半高丛蓝莓"北空"叶片的生理功能遭到破坏。表现为叶片光合强度、叶绿素含量、光量子通量密度降低；气孔导度、蒸腾强度升高；呼吸强度先升高，后降低，直至连续干旱31d时，蓝莓植株才有少量叶片焦枯。可以看出"北空"蓝莓具有较强的耐干旱能力。在蓝莓的几个类群中，兔眼蓝莓的抗旱性最强，半高丛蓝莓强于高丛蓝莓，矮丛蓝莓最弱。土壤干旱时植株生长细弱、坐果率低，甚至会引起枯枝或整株死亡。兔眼蓝莓可以在一个较宽的水分缺乏范围内进行光合作用，在持续干旱的条件下，成年兔眼蓝莓能保持丰产，但刚刚定植的幼树和盆栽植株不耐干旱。干旱最初的反应是叶片变红，随着进一步干旱，枝条生长细而弱，坐果率降低，易早期落叶，当生长季严重干旱时，造成枯枝甚至整株死亡。

4. 耐水分胁迫能力

蓝莓有较强的耐淹水能力。不同种类和品种的耐淹水能力不同，高丛蓝莓比兔眼蓝莓对淹水反应敏感。耐涝性较强的为高丛蓝莓，其次为半高丛蓝莓，最弱的为矮丛蓝莓。不同品种蓝莓的耐涝能力不同，由强到弱排列依次为：艾朗＞蓝丰＞科丽尔＞北村＞圣云＞7917＞美登＞斯卫克＞芝妮＞北空。笃斯越橘常年生长在积水中仍可正常生长结果，笃斯越橘和高丛蓝莓杂交育成的品种"艾朗"具有很强的抗水淹能力，生长季淹水28d仍能存活，并且解除胁迫后很快恢复正常。

在淹水逆境下，蓝莓的生理变化表现在叶片质膜透性增强，且随着处理时间的加长，质膜透性进一步加大，耐淹水能力弱的品种的电解质相对渗出率值明显高于耐淹水能力强的品种；淹水逆境下，蓝莓叶片膜脂过氧化作用增强，其主要氧化产物丙二醛的含量增加，且耐淹水能力强的品种增加的幅度低于耐淹水能力弱的品种。

土壤积水时，土壤通气差，土壤 O_2 含量降低，CO_2 含量上升，导致蓝莓生长不良。夏季淹水天数达到 $25\sim35d$ 会抑制花芽形成。连续淹水大于 $25d$，则坐果率也会下降。耐涝性的解剖特征表现为有通气组织、皮孔或形成不定根，为受涝的根系提供氧气。笃斯越橘的根、茎和叶柄具有通气组织，大的细胞间隙和空气腔由叶柄直通根部，以适应沼泽环境。

5. 水质

北高丛蓝莓对水质的要求严格，灌溉水的盐分不得超过

0.1%，氯不得超过 300mg/kg；含盐高的水会引起钠毒害，使植株生长受到明显抑制。兔眼蓝莓对灌溉水的水质要求不严格，pH＝7.5 的水也可以用来灌溉，但是水的盐分含量不能高。

四、土壤

土壤是果树生产的基础，良好的土壤能满足果树对水、肥、气、热的要求。土壤厚度、质地、酸碱度、含盐量等都对果树生长与结果有重要作用。适宜果树生长的土壤特点是通透性、保水保肥性强，养分含量高，有机质分解快。同时要有良好的通气性。蓝莓为浅根系植物，根系不发达，根纤细，呈纤维状，无根毛，主要分布在浅土层。因此，蓝莓对土壤条件要求严格，其中土壤 pH 值、土壤水分、透气性、排水性等条件对蓝莓生长有很大影响，不适宜的土壤条件常导致蓝莓栽培失败。对于该类土壤，可以通过土壤改良，调整土壤 pH 值，改善土壤理化性质，使其满足蓝莓栽培的需要。

1. 土壤类型及其结构

蓝莓最适宜生长在有机质含量高（7%～10%）、透气性好和水分充足而稳定的酸性沙质土壤或草炭土。土壤中的颗粒组成尤其是沙壤土含量与蓝莓生长密切相关，土壤疏松、通气好，极有利于蓝莓的根系发展。

蓝莓的根系生长缓慢而且纤细，在黏重的土壤上不能穿越黏土层，从而导致生长不良。另外，有机质很低，排水不良也易导致生长不良。在 pH 值过高的土壤上栽培，会造成植株缺铁失绿，酸度过低易引起植株镁中毒。

蓝莓在典型的沙壤土上栽培生长结果优于黏重土壤和肥沃土壤。蓝莓的根系纤细，在黏重土壤上不能穿越土层而生长很慢，导致生长不良。有机质含量低且为中性的黏重土壤，土壤结构较差，通气不良，排水不良，常易导致蓝莓生长不良。在钙质土壤和 pH 较高的土壤类型上，极易发生缺铁失绿症状。在干旱土壤上则容易发生根系伤害。

兔眼蓝莓在较黏重的丘陵山地上也可栽培，且对土壤条件的要求相对较低。

草炭土和腐殖土土壤类型上栽培蓝莓有两个问题，一是春、秋季土壤温度低，且升温慢，使蓝莓生长延缓；二是土壤中氮素含量很高，枝条停止生长晚，发育不成熟，易造成越冬抽条。

2. 土壤 pH 值

土壤 pH 值是蓝莓栽培中的一个重要因素，蓝莓生长要求强酸性土壤条件，高丛蓝莓和矮丛蓝莓要求土壤 pH 值为 4.0～5.2 的适宜范围，最好为 4.3～4.8；高丛蓝莓 pH 值下限为 3.8，低于 3.8 会对植株生长造成伤害；兔眼蓝莓土壤 pH 值范围为 3.9～6.1，最适为 4.5～5.3，最好不超过 5.5，在 pH 值 4.5～7.0 的范围内，生长量和产量都随 pH 值的上升而下降，在 pH 值 6.0 时，会造成部分植株死亡，在 pH 值等于 6.5 时大量植株会出现失绿症状，在 pH 达到 7.0，植株则不能存活。而在适宜的土壤 pH 值范围（4.5～5.3）内，兔眼蓝莓产量最高，果实成熟期一致。

土壤 pH 值影响土壤中各种营养元素的存在形式和可利用性。蓝莓喜酸性土壤，对土壤 pH 值极为敏感，pH 值过高不利于蓝莓的生长。土壤 pH 值过高，往往引起蓝莓生长受阻、叶片失绿、结果不良。在 pH 值过高时，土壤中的铵态氮在微生物的作用下转化为不易被蓝莓吸收的硝态氮，引起植株缺氮。当 pH 值高于 5.2 时，土壤中的自由 Fe 会与有机物质合成络合物，使 Fe 被固定，而不能被蓝莓根系吸收。除了 N 和 Fe 外，Mn、Zn、Cu 等元素也受土壤 Fe 值的影响，当 pH 值过高时，土壤中可溶性 Mn、Zn、Cu 的含量都会下降。当 pH 值过低（小于 4.0），土壤中的重金属元素供应增加，造成重金属吸收过量而中毒如 Fe、Zn、Cu、Mn、Al 等，导致生长势衰弱甚至死亡。

3. 土壤有机质

蓝莓在有机质含量高的土壤中生长良好。土壤有机质是土壤肥力的主要物质基础之一。土壤有机质的含量高低，是决定蓝莓产量的重要因素，蓝莓只有在有机质大于 7% 的土壤中才能正常的生长。但它与蓝莓的产量并不成正比。土壤有机质能改善土壤的理化性质和物理机械性能，土壤有机质含量高可以大大降低土壤容重，增加土壤的空隙度，同时也改善了土壤结构，增进了土壤的保肥和保水的作用。土壤有机质可以促进根系发达，保持土壤中的营养和水分，防止流失。土壤中的矿物质养分，如 Fe、Cu、Mg、K 可被土壤中的有机质以交换态或可吸收态保持下来。

高丛蓝莓特别需要有机质含量高的土壤，必须在有机质含量高的土壤中才能健康生长；兔眼蓝莓的适应性相对较强，在高地或低地的黏土或沙土地上均能生长；矮丛蓝莓自然分布在有机质贫乏的高地土壤上，适应性也比较强。

4. 土壤通气状况

土壤状况主要指土壤的透气性，透气好坏主要取决于土壤的水分、结构和组成；土壤透气差引起植株生长不良，在正常情况下，土壤中二氧化碳含量不低于 0.3%，土壤疏松，透气良好时，土壤中氧含量可达 20%。透气差的土壤氧的含量大幅度下降，二氧化碳的含量大幅度上升，不利于蓝莓的生长。采取土壤覆盖，是改善蓝莓生长的有效措施。

五、菌根

蓝莓根系呈纤维状，无根毛，因而不能有效地吸收利用土壤中的水分和养分，在酸性土壤环境下，与菌根真菌共生形成菌根，侵染蓝莓的菌根真菌统称为石楠属菌根真菌，专一寄生于石楠属植物，在酸性土壤环境下，蓝莓的根系被石楠属菌根侵染后，形成内生菌根。形成菌根的真菌自身所需的养料由植物供应，菌根真菌与蓝莓建立一种互惠共生关系，菌根在土壤中能代替蓝莓的根毛吸收磷、铁等营养元素和水分，阻止磷从蓝莓根向外流失。菌根还能分泌多种水解酶类，促进细胞内贮存物质的分解，以促进植物的吸收作用；并且还能分泌维生素 B 等，促进根系生长。

菌根真菌的侵染对蓝莓的生长发育及养分吸收起着重要作用。这也是蓝莓对土壤营养的要求不高的原因。目前已发现侵染蓝莓的菌根真菌有 10 余种，菌根真菌的侵染对蓝莓根系的吸收功能起重要作用，归纳起来有以下几点。

1. 促进营养吸收

菌根侵染的一个重要作用是促进根系直接吸收有机氮，同时对无机氮的吸收也有促进作用。在自然条件下，酸性有机土壤中不能被根系吸收的有机态氮含量很高，而能被根系直接吸收利用的氮含量很低。人工接种菌根后，可以利用大多数的氨基酸和蛋白质中的氮作为氮源，使植株含氮量提高。

高丛蓝莓接种菌根真菌后，向土壤中施入无机氮肥，植株氮含量可提高 17%。在土壤中氮含量高时，菌根可以获取并贮存氮，在蓝莓植株缺乏氮素时，释放氮素，并向枝条输送。

菌根真菌还可以促进蓝莓对难溶磷的吸收，尤其是促进有机磷的吸收，在沙培试验中，提供 1mg/L 的有机磷，接种菌根真菌的蔓越橘生长量和产量比未接种菌根真菌的蓝莓高。同时对无机磷的吸收也有促进作用。

除了氮素和磷素，菌根真菌还可以促进对钙、硫、锌、锰等元素的吸收。

2. 防止重金属过量中毒

菌根真菌对蓝莓矿质元素吸收有促进作用，还能抵抗重金属元素过量，防止高水平重金属对植株的毒害作用。由于蓝莓生长的土壤 pH 值很低，使土壤中的重金属元素如钙、铁、锌、锰等的供给水平很高，但过量吸收可导致植株重金属中毒而造成生理病害，甚至死亡。非杜鹃花科植物（蓝莓属于杜鹃花科植物）会引起严重的重金属中毒，而蓝莓却能正常生长、结果。

菌根真菌对重金属毒害作用的抵抗机制是：当土壤中的重金属含量过高时，真菌菌丝生长不会受到抑制，被侵染的蓝莓可以通过真菌菌丝在根皮细胞内主动生长吸收贮存过量的重金属，抵制重金属元素在枝条中的积累。

3. 在生产上的应用

菌根真菌对蓝莓养分吸收的作用最终反映在结果上，人工接种菌根后，能增加植株分枝数量，增加生长量，并可使产量提高11%～92%。我国可供蓝莓栽培的酸性土壤中有机氮、磷元素的含量很高，而且重金属含量水平也很高，接种菌根可以提高土壤肥料利用效率，节省肥料，保证蓝莓生长良好，提高蓝莓产量，抵抗重金属毒害作用，在生产上具有重要的应用价值。

但是在自然条件下，菌根真菌的侵染率低，需要时间较长，所以在育苗中可接种菌丝体。采用纯培养菌丝体接种比较理想，该方法侵染率高、速度快、侵染量大，每1mg鲜重菌丝体可接种167个植株。还可结合组织培养育苗技术，在培养基中加入菌丝体接种菌根真菌，进行蓝莓菌根化育苗。

第二节　蓝莓科学建园

一、园地的选择与规划

1. 园地的选择与准备

蓝莓栽培对土壤条件要求严格，如果园地选择不当，则易引起树体生长衰弱、结果不良，甚至整株死亡。在引种蓝莓准备建园时，首先要考虑气候条件和土壤类型。最好选择新开垦地，采用种植过其他作物的土壤易引起植株生长衰弱甚至死亡。

选择适宜的土壤类型时，可根据植物分布群落进行判断，具有野生蓝莓分布或杜鹃花科植物分布的土壤是典型的蓝莓栽培土壤条件，如果没有此类指示植物，则需对土壤各项指标进行测试。

提示板

蓝莓栽培中适宜土壤类型的标准是：坡度不超过10%；pH4.0～5.5，最好4.3～4.8；有机质含量8%～12%，至少不低于5%；土质疏松，排水性能好，湿润但不积水，具备良好的灌溉条件。

据李亚东等人研究，吉林省长白山区酸性土壤分为下面四种类型。这四种类型的共同特点是土壤酸性，有机质含量高，土壤湿度大，其中水湿地潜育土和草甸沼泽地栽培蓝莓要有良好的排水系统，除了暗棕色森林土土壤 pH 值偏高外，这 4 种类型的土壤适宜栽培蓝莓。四种类型土壤的理化性质见表 5-2。

表 5-2　四类酸性土壤的理化性质

土壤类型		水湿地潜育土	暗棕色森林土	草甸沼泽土	草炭沼泽沙壤土
土壤 pH 值		4.85	6.26	5.32	5.77
有机质含量/%		56.38	9.85	10.43	10.99
速效养分 /(mg/kg)	氮	906	586	422	585
	磷	3.22	4.25	2.49	5.05
	钾	96.6	215.3	101.5	107.2
	铜	0.29	0.27	0.75	0.26
	锌	34.7	9.2	4.4	11.4
	铁	99.1	13.2	87.4	14.4
	锰	26.3	66.4	53.4	92.6

注：李亚东，1998。

(1) 水湿地潜育土　这一类土壤上野生蓝莓广泛分布，土层主要由枯枝落叶及腐苔藓组成，土质疏松，通气良好，pH4.8，有机质含量高达 56%，土壤中有效氮含量很高，达 900mg/kg，而且这类土壤往往位于深林区，土壤水分条件好，是蓝莓栽培较为理想的土壤类型。其缺点是：雨季土壤易积水，土壤中氮素含量过高，造成枝条停长晚，贪青旺长；土壤中磷含量不足，易引起蓝莓缺磷症。在这类土壤上栽培蓝莓时，需要挖排水沟，并且应进行台田栽培。

(2) 暗棕色森林土　长白山区的森林区这类土壤比较多。特点是土质比较疏松，通气性好，pH 在 5.5～5.9，有机质含量 9.8%，土壤湿润，但不积水。在这类土壤上栽培的蓝莓生长结果较好。其不足之处是土壤 pH 略高于正常范围，可用硫粉进行调节。

(3) 草甸沼泽土　这种酸性沼泽地土壤在长白山区分布面积大，而且集中，一片沼泽地面积可达 0.67 万公顷，而且多地势平坦，无树木生长，易开垦。土壤 pH5.5～5.7。有机质含量 10%。夏季易积水，土壤黏土含量高，较黏重。栽培蓝莓时需要挖排水沟、台田，并在土壤中掺入草炭、锯末或河沙进行改良。

(4) 草炭沼泽沙壤土　草炭沼泽沙壤土常位于山坡中下部，土壤沙土含量高，pH5.5，有机质 11%，土壤湿润，但不积水，栽培蓝莓表现良好。

2. 气候条件

应本着适地、适树的原则，栽植适应当地气候的种类和品种。北方寒冷地区栽培蓝莓时主要考虑抗寒性和霜害两个因素。冬季少雪、风大干旱地区不适宜发展蓝莓，即使在长白山冬季雪大地区也应考虑选择小气候条件好的地区栽培。晚霜频繁地区，如四面环山的山谷栽培蓝莓时容易遭受花期霜害，应尽量避免。

3. 土壤改良

蓝莓对土壤条件的要求比较苛刻，因此在建园前应充分了解当地的土壤结构、理化特性，应对土壤的 pH 值、有机质含量、土壤营养水平进行测试和评价，作为建园的重要依据。对土壤 pH 值过高或过低的土壤，土壤有机质含量低的土壤，土壤比较黏重的土壤，需要通过施入有机物料、硫黄粉或石灰等进行土壤改良，创造蓝莓适宜的土壤条件来保证栽培成功。定植后需定期对土壤 pH 值、土壤有机质含量、土壤营养状况进行测试，根据测试结果，对土壤进行改良以满足蓝莓对土壤条件的要求。

(1) 土壤 pH 值过高的调节　土壤 pH 值过高是限制蓝莓栽培范围的主要因素。土壤 pH 值影响蓝莓对矿质元素的吸收利用，当土壤 pH 值过高，蓝莓对铁的吸收下降，同时对钙的吸收迅速，也导致对铁的吸收下降，蓝莓新叶表现为缺铁失绿，开始时脉间失绿，最后叶片变白，生长不良，严重时导致植株死亡。

使土壤 pH 值降低的措施主要是加入硫黄粉。硫黄粉的施用量需根据土壤原有的 pH 值水平和土壤缓冲力而定。施入硫黄粉要在定植前一年结合整地进行。将硫黄粉按所计算施用量均匀撒入土壤，深翻后混匀。施硫黄粉要全园施用，不要只施在定植带上。根据对我国长白山区暗棕色森林土壤的研究，将暗棕色森林土土壤pH值由原来的 5.9 降至 5.0 以下，每公顷需施用硫黄粉约1300kg，其效果可维持 3 年以上。而且施硫黄粉之后可以有效地促进植株生长，提高单果重和产量。不同的土壤类型应施用硫黄粉的用量不同（表 5-3）。

表 5-3　土壤施硫黄粉对土壤 pH 值的调节（暗棕色森林土）

施 S 粉量 /(g/m²)	土壤 pH 值		
	第一年	第二年	第三年
0	5.9	6.2	5.9
65	5.1	4.9	5.0
130	5.0	4.8	4.9
195	4.4	4.8	4.7

注：李亚东，1996。

除了用硫黄粉调节土壤 pH 值外，土壤中掺入酸性草炭也可有效地降低土壤 pH 值，如果草炭与硫黄粉混合使用效果则更佳（表 5-4）。

表 5-4　草炭和硫黄粉对土壤 pH 值的调节（壤土）

处　理	土壤 pH 值			
	第一年	第二年	第三年	第四年
对照	7.05	6.65	6.67	6.34
草炭	4.96	5.01	5.43	5.48
S 粉	6.62	5.74	5.94	5.76
草炭＋S 粉	4.76	4.42	4.89	4.96

注：Wildung. D. K. 1988。

进行土壤覆盖也是降低土壤 pH 值的有效方法，如土壤覆盖锯末、松树皮，施用酸性肥料，以及施用粗鞣酸等均有降低土壤 pH 值的作用。

（2）土壤 pH 值过低的调节　当土壤 pH 值低于 4.0 时，由于重金属元素供应过量，造成重金属中毒，使蓝莓生长不良，产量降低，甚至死亡。此时需要采取措施增加土壤 pH 值，最常用且有效的方法是施用石灰。对 pH 值为 3.3 的土壤，施用石灰 8t/hm² 可提高产量 20%；而当 pH 值为 4.8 时，增施石灰则对产量提高没有作用。石灰的施用也应在定植前一年进行。施用量根据土壤类型及 pH 值而定。

(3) 改善土壤结构及增加有机质　由于蓝莓根系为须根系，其纤维根比较脆弱，土壤有机质对蓝莓而言相当重要。在土壤有机质低于 5% 时及黏重土壤上，根系发育和吸收能力受限。通过土壤改良增加土壤有机质可以增加沙壤土的保水保肥能力，增强黏重土壤的排水透气能力，改善土壤结构，增加通气性，还可降低土壤 pH 值。

当土壤有机质含量<5% 及土壤黏重板结时，需要掺入有机物或河沙等改良。掺入河沙虽然能改善土壤结构，疏松土壤，但不能降低土壤 pH 值，反而会使土壤肥力下降。因此最好是掺入有机物质。最理想的有机物是腐苔藓和草炭，掺入后不仅可增加土壤有机质含量，而且还具有降低 pH 值的作用。此外，烂树皮、锯末及有机肥也可作为改善土壤结构的掺入物。应用烂树皮和锯末时以松树材料为佳，并且可配以硫黄粉混合施用。

土壤中掺入有机物可在定植时结合挖定植穴同时进行，一般按园土、有机物为 1∶1 比例混匀填入定植穴。土壤掺入有机物可以防止土壤温度剧变，降低 pH 值，增加有机质含量，改善土壤结构，有利于菌根真菌发育，从而提高产量和品质。土壤掺入有机物在蓝莓栽培中已作为一种常规措施而广泛应用。

> **提 示 板**
>
> 　　土壤中掺入有机物可在定植时结合挖定植穴同时进行，一般按园土、有机物为 1∶1 比例混匀填入定植穴。土壤掺入有机物可以防止土壤温度剧变，降低 pH 值，增加有机质含量，改善土壤结构，有利于菌根真菌发育，从而提高产量和品质。土壤掺入有机物在蓝莓栽培中已作为一种常规措施而广泛应用。

4. 整地

园地选择好后，应在定植前一年深翻并结合压绿肥。如果杂草较多，可提前一年喷除草剂杀死杂草。土壤深翻深度以 20～25cm 为宜，深翻熟化后平整土地，清除石块、草根、硬木块等。在水湿地潜育土这类土壤上，应首先清林，包括乔木及小灌木等，然后才能深翻。在草甸沼泽地和水湿地潜育土壤上，应设置排水沟，整好地后进行台田，台面高 25～30cm、宽为 1m；在台面中间定植一行。

二、栽植技术

(1) **定植时期**　春季和秋季定植均可，其中以秋季定植成活率高。秋栽有利于根系恢复，第二年春季根系活动早，萌芽快，成活率高。但要注意做好冬季防寒工作。

在土壤解冻后至萌芽前进行春季栽植，春栽宜早不宜晚，北方寒冷地区可在 5 月份以后定植。目前，蓝莓苗木主要为组培苗，为了提高苗木成活率，可以将购回的组培苗在大田中抚育后，可在春季、夏末、秋季进行带营养钵栽植。

(2) **挖定植穴**

【知识链接】
蓝莓的根系及生长特性
蓝莓为浅根系植物，根系不发达，粗壮根少，纤细根多，无根毛，有内生菌根，蓝莓的细根每天生长只有 1mm。蓝莓根系自身的吸收能力很差，但是几乎所有蓝莓的细根都有内生的菌根真菌寄生，从而克服了蓝莓根系由于没有根毛造成的对水分及养分的吸收困难。

蓝莓根系主要分布在浅层土层，根系一般水平分布在树冠投影区域内，深度 30～45cm，但主要集中在上层 15cm 以内土层。根系分布情况与土壤状况有关，在土壤结构疏松、通气良好的沙壤土里，根系发育良好，分布范围广，在黏重土壤上分布得比较紧密。此外，也受栽培措施影响，当用锯末覆盖土壤时，在腐解的锯末层有根系分布，而在未腐解的锯末层没有根系分布。合理施肥和灌水可促进根系大量形成和生长。

　　蓝莓根系在1个生长季节内，随土壤温度的变化有2个生长高峰。第1次生长高峰出现在6月初，第2次出现在9月份。2次生长高峰出现时，土壤温度分别为14℃和18℃。低于14℃和高于18℃根系生长减慢；低于8℃时，根系生长几乎停止。2次根系生长高峰出现时，地上部枝条生长高峰也同时出现。

　　定植前挖好定植穴。定植穴直径和深度因蓝莓种类不同而异，兔眼蓝莓应大些，一般长宽深为1.3m×1.3m×0.5m；半高丛蓝莓和矮丛蓝莓可适当缩小，一般长宽深为0.3m×0.3m×0.4m。定植穴挖好后，将园土、有机物料和硫黄粉按比例进行充分混匀后回填定植穴。定植前进行土壤测试，如缺少某些元素如磷、钾则将肥料一同施入。

提示板

　　蓝莓通常在有机质含量高、土壤通气良好和水分充足而稳定的酸性沙质壤土中生长良好。蓝莓定植前需对不符合条件的土壤提前进行改良，以满足蓝莓对土壤条件的要求。定植蓝莓过深过浅都不适宜，栽植深度以覆盖原来苗木土团3cm为宜。

　　(3) 株行距　栽培密度需要根据蓝莓植株的高度和冠幅、土壤肥力和管理水平来确定，以满足植株生长需要和便于田间操作为标准。一般兔眼蓝莓常用株行距为2m×4m，至少不小于1.5m×3m，高丛蓝莓株行距为(0.6～1.5)m×3m，半高丛蓝莓常用1.2m×2m，矮丛蓝莓采用(0.5～1)m×1m。高丛蓝莓常用株行距及每公顷需苗木数列于表5-5。

　　(4) 授粉树配置　大部分高丛蓝莓品种都可以自花结实。自花授粉果实往往比异花授粉的小并且成熟期晚。异花授粉可以调高坐果率，增加单果重，提高产量和品质(表5-6)。兔眼蓝莓往往自花不结实或结实率低，必须配置授粉树。矮丛蓝莓品种一般可以单品种建园。授粉树配置方式可采用1:1式或2:1式。1:1式即主栽品种与授粉品种每隔 1 行或 2 行等量栽植。2∶1 式即主栽品种每隔 2 行定植 1 行授粉树。生产上也可以通过花期进行果园放蜂来增加授粉，一般每公顷需要 12 箱蜜蜂。

表 5-5　高丛蓝莓常用株行距及每公顷所需苗木数

株行距/m	每公顷需苗木数/株
0.6×3	5555
0.9×3	3703
1.2×2.7	3086
1.2×3	2777
1.35×2.7	2739
1.35×3	2469
1.5×3	2222

注：引自 Paul，Eck. 1988. Blueberry Science。

表 5-6　自花与异花授粉对蓝莓结果的影响

品种	授粉方式	坐果率/%	单果重/g	种子数/个
北蓝	异花	85	1.3	17
	自花	84	1.3	11
北村	异花	87	1.1	17
	自花	14	0.5	3
北空	异花	92	1.0	19
	自花	71	0.9	17
蓝丰	异花	—	2.36	26.7
	自花	—	1.87	10.8
蓝乐	异花	—	1.14	9.8
	自花	—	1.09	6.2
埃利奥特	异花	—	2.03	43.7
	自花	—	1.60	7.7
泽西	异花	—	1.64	48.4
	自花	—	1.16	15.1
卢贝尔	异花	—	0.96	22.7
	自花	—	0.82	11.8
斯巴坦	异花	—	2.50	9.4
	自花	—	1.91	1.3

（5）苗木定植　定植苗龄最好是生根后抚育 2～3 年生大苗，1 年生生根苗也可定植，但成活率低，定植后需要精细管理。定植时

将苗木从营养钵中取出，在定植穴上挖 20cm×20cm 小坑，填入一些酸性草炭，然后将苗栽入，栽植深度以覆盖原来苗木土团 3cm 为宜。定植完后，埋好土，轻轻踏实。有条件时要浇透水。若春秋土壤水分充足，定植后不浇水成活率也很好。

【典型案例】

如何提高蓝莓的成活率

绥棱农场根据位于半山区，日照时间长，昼夜温差大，与美国、加拿大同处于世界浆果带上的地理优势，具备发展浆果的潜力，自 2007 年开始引导职工试种蓝莓。

经过 4 年的试验，这里的科技人员总结了蓝莓经过田间取材、接种、继代、培养、炼苗和移栽等 6 项流程的组织培养育苗后，就要定植到大棚里，那么怎样才能确保蓝莓定植，提高成活率呢？

(1) 定植时间　定植时间以秋季为最好。秋季定植根系恢复得好，下年春季生长旺盛。如果定植面积较大，也可分春秋两季各定植一部分。秋季定植后在封冻前应及时埋土防寒，方法是将株从枝条轻轻压倒，然后埋土，埋土厚度以 10～15cm 为宜。应注意的是株丛的地上部必须全部埋入土中。

(2) 定植方法　蓝莓定植前将土地调整好，耙细打成行距 2m 的大垄或定植床，然后在大垄或定植床上的定植点上挖穴，穴深以苗木土坨能埋严为准，穴挖好后，将苗木脱钵，脱钵后将苗木轻轻放入挖好的穴内，埋穴深 3/4 的土，踏实，并做出容水穴，立即浇水，待水全部浸入土中后，再覆土一次，总的埋土深度是使苗的原钵基部略低于垄面或床面即可。定植后立即用松针或锯末覆盖，覆盖厚度 5～10cm 均可，宽度以垄面或床面宽为准。

(3) 定植株行距　因品种不同而不同，矮丛品种一般株距为 50～70cm，行距为 1.5～2m；半高丛蓝莓株距一般为 80～100cm，行距为 2m；绥棱农场定植美登 8000～10000 株；北村 6000～8000 株；北蓝 7000～8000 株；圣云、北陆 5000 株。

(4) 田间管理　蓝莓喜欢酸性土壤和较湿润的气候条件，如果土壤严重干旱，pH 值过高，有机质含量又较低时，就要调整表层土壤，否则难以达到蓝莓正常生长的需求。经过连续4年的栽培试验，我们不主张化学调整，最好采取土壤覆盖的方法。在蓝莓定植带上覆盖一层松针等均可，覆盖物腐解后能有效地增加土壤的有机质，改善土壤结构，调节土壤温度，保持土壤湿度，降低土壤pH值，在定植带上覆盖5cm的松针，覆盖后一年不用除草。同时蓝莓是喜铵态氮的植物，它对土壤中铵态氮的吸收能力很强，而对硝态氮则相反，这就是蓝莓与其他果树的不同之处。

蓝莓定植后第一年就已形成大量花芽，但是为了加强树势，防止过早结果，造成植株枝条生长缓慢，所以定植头两年要疏掉全部花芽，以便促进蓝莓根系的发育速度，尽早形成强势的树冠，加强结果枝条的快速生长。定植后的第3年春季，蓝莓防寒除土后，主要以修剪小枝条为主，加强结果枝条的旺盛生长，如果管理得好，一般第三年单株产量应控制在500g左右，最多不能超过1kg，以确保株丛的旺盛生长，为以后的高产、稳产打好基础。

三、蓝莓丰产栽培技术

（一）土壤管理

蓝莓根系分布较浅，而且纤细，没有根毛，要求土壤疏松、多孔、通气良好。土壤管理的主要目标是为根系发育创造良好的土壤条件。

1. 清耕

蓝莓园内不种植任何间作物，生长季节内及时中耕除草松土。在沙土上栽培高丛蓝莓常采用清耕法。清耕可有效控制杂草与树体之间的竞争，促进树体发育，尤其是幼树期，清耕尤为必要。但长期清耕，水肥流失严重，有机质含量下降，且表层土壤结构、温度、湿度变化剧烈，不利于根系生长。所以应与其他管理方法相结合使用。

清耕的深度以5～10cm为宜，清耕不宜过深。蓝莓根系分布较浅，过分深耕不仅没有必要，还会造成根系伤害。清耕的时间从早春到 8 月份都可进行，入秋以后不宜清耕，秋天清耕对蓝莓越冬不利。

2. 台田

地势低洼、积水、排水不良的土壤（如草甸、沼泽地、水湿地）栽培蓝莓时需要进行台田。台田后，台面通气状况改善，而台沟则积水，这样既可以保证土壤水分供应又可避免积水造成树体发育不良。但是台田之后，台面耕作、除草不利于机械操作，需人工完成。

3. 生草法

生草法是行内清耕或施用除草剂，行间人工生草或自然生草的土壤耕作方式。与清耕法相比，生草法具有明显保持土壤湿度的功能，适用于干旱和黏重土壤，还可控制水土流失，增加土壤有机质，改良土壤结构，缓解土壤表层温度变化。生草法的另一个优点是利于果园工作和机械行走，缺点是不利于对蓝莓僵果病的控制。

4. 土壤覆盖

提 示 板

土壤覆盖是将杂草、绿肥、作物秸秆等材料覆盖于行内。土壤覆盖技术在蓝莓栽培上广泛应用。土壤覆盖的主要功能是增加土壤有机质含量、改善土壤结构、调节土壤温度、保持土壤湿度、降低土壤 pH 值、控制杂草等。矮丛蓝莓土壤覆盖 5～10cm 锯末，在 3 年内产量可提高 30%，单果重增加 50%。

应用最多的土壤覆盖物是锯末，尤以容易腐解的软木锯末为佳。土壤覆盖锯末后，蓝莓根系在腐解的锯末层中发育良好，使根系水平扩展，扩大了养分与水分吸收面积，从而促进植株生长和提高产量。用腐解好的烂锯末比未腐解的新锯末效果好且发挥效果迅速，腐解的锯末可以很快降低土壤 pH 值。

覆盖锯末在苗木定植后即可进行。将锯末均匀地覆盖在床面，宽度 1m、厚度 $10\sim15cm$，以后每年再覆盖 2.5cm 厚的锯末，以保持原有厚度。如果应用未腐解的新锯末，需适量增施 50％的氮肥。已腐解好的锯末，氮肥用量可适量减少。

除锯末外，树皮或烂树皮作土壤覆盖物可获得与锯末同样的效果。其他有机物质，如稻草、树叶也可作土壤覆盖物，但效果不如锯末。

应用黑塑料膜覆盖可以防止土壤水分蒸发，控制杂草，提高地温。如果覆盖锯末与覆盖黑地膜同时进行，效果会更好。但覆盖黑塑料膜时如果同时施肥，会引起树体灼伤。在生产上一般施用 $925kg/hm^2$ 氮、磷、钾含量各为 10％的完全肥料，待肥料分解后，再覆黑塑料膜。

黑塑料膜覆盖的缺点是施肥、灌水不便，而且每隔 $2\sim3$ 年需重新覆盖并清除田间碎片。所以，黑塑料膜覆盖最好是在有滴灌设施的果园应用，尤其适用于幼龄果园。

（二）施肥管理

1. 蓝莓的营养特点

（1）低需求量　蓝莓对主要营养元素（氮、磷、钾、钙和镁等）的需求量比其他果树要少，营养过剩时反而有害。

（2）对个别元素的特殊要求　蓝莓属于典型的嫌钙植物，它对钙有迅速吸收与积累的能力，当在钙质土壤上栽培时，由于钙吸收多，往往导致缺铁失绿。从整个树体的营养水平分析，蓝莓又属于寡营养植物，与其他种类的果树相比，树体内氮、磷、钾、钙、镁的含量很低。蓝莓对氮素和氯元素有特殊的要求。对氮素而言，铵态氮对蓝莓果树的长势、结果状况及果实品质都远比硝态氮好；施用硝态氮时，尽管树体的氮素水平有所提高，但产量不增加，果实还会变小，成熟期推迟，植株死亡率增加。氯元素也是蓝莓所需的基本营养元素之一，但需要量不大，在生产上从未发现蓝莓因缺氯而产生的缺素症。而且氯通常都属有毒元素，土壤氯离子浓度高时，不仅直接对植株的长势和结果水平造成不良影响，还影响蓝莓对其他营养元素的吸收，并会增加土壤含盐量。蓝莓对氮、磷、钾的施肥反应如下。

① 氮肥。蓝莓对施氮肥的反映因土壤类型及肥力而异。对高丛蓝莓，连续7年土施氮肥（从每公顷34kg氮到136kg氮），前5年对产量没有影响，而后2年却降低了产量。在我国长白山区暗棕色森林土壤上栽培的美登品种，随着施氮量的增加产量逐渐降低，百果重降低，果实成熟期推迟，而且越冬抽条严重。因此，当土壤肥力较高时，施氮肥对蓝莓增产无效，而且有害，施氮量过多时甚至造成植株死亡。但这并不意味着在任何情况下，对蓝莓都不需施氮肥。当在土壤肥力差、有机质含量较低的沙土和矿质土壤上栽培蓝莓，或栽培蓝莓多年、土壤肥力下降时，或土壤pH值高于5.5，都需要适量补充氮肥。分两次施入：萌芽前施入1/2，4周以后再施入1/2，一次施入。

② 磷肥。水湿地潜育土往往缺磷，增施磷肥效果显著，增施磷肥可以促进树体生长，明显增加产量。但当土壤中磷含量较高时，增施磷肥会延迟果实成熟。一般当土壤速效磷含量低于6mg/kg时，需施磷肥（五氧化二磷）15～45kg/hm^2。

③ 钾肥。钾肥对蓝莓的增产效果显著。增施钾肥不仅可以提高蓝莓产量，而且可提早成熟，提高品质，增强抗寒性。但钾肥过量，不仅对产量的增加没有作用，而且会使果实变小，越冬受害严重，导致缺镁症等的发生。在大多数栽培蓝莓的土壤上，适宜的钾肥用量为（氧化钾）40kg/km^2。

(3) 对土壤pH值及树体pH值的依赖性

① 土壤pH值。蓝莓的营养水平受土壤pH值的影响。土壤pH值的下限是3.8～3.9；当土壤pH值超过5.2时，果树常常发生缺铁性失绿症。霍姆斯（Homes，1960）通过改变营养液的pH值和磷含量的方法观察蓝莓的生长状况，发现pH值在4～5时蓝莓生长最好，当pH值超过这个最适范围时，缺铁失绿程度增加，生长量下降。在含磷量高时，蓝莓缺铁症状尤甚，表明过量的磷可能降低营养液中铁的利用率。然而，尽管出现缺铁症状，老叶中铁的实际含量并不随pH值的增加而变化，只有幼叶中铁的含量会减少，这表明高pH值还影响铁的代谢。用铁的螯合剂（FeEDDHA）

代替无机铁盐时，在 pH 值为 7 的情况下仍然能使叶片保持绿色。布朗（Brown）和德雷珀（Draper）于 1980 年提出假说，认为蓝莓中存在一种缺铁基因。他们在水培中发现部分种内和种间杂种后代能够向营养液中释放氢离子，从而降低营养液的 pH 值。当向土壤加碳酸钙时，能够释放氢离子的植株可以保持叶片的绿色，而无此能力的植株出现缺铁性失绿症。斯贝厄斯（Spiers，1984）发现，当土壤 pH 值从 4.5 升至 5 时，植株体内的氮素水平增高，pH 值超过 5 时氮素含量又下降。提高土壤 pH 值，会增进植株对钙和钠的吸收；而降低土壤 pH 值，会提高植株体内镁的含量。

② 树体内部 pH 值。植株体内的 pH 值也与营养状况密切相关。蓝莓体内的氢离子浓度比大多数栽培植物高出 100～1000 倍。健康幼叶的 pH 值大约是 3.5；随着叶片的衰老，pH 值逐渐趋向于蛋白质的等电点 5。这种变化趋势也和大多数栽培植物相反；大多数植物在出现营养胁迫或疾病时，体内的 pH 值会降低。蓝莓体内的低 pH 值归因于较高的有机酸含量。凯茵（Cain，1954）发现，植株体内的 pH 值和缺铁症状之间有类似的关系。健康叶片的 pH 值低于 3.5，而当失绿症出现或加重时 pH 值增至 5.5。

2. 蓝莓常见缺素症及防治对策

（1）缺铁失绿症

提 示 板

　　缺铁失绿是蓝莓常发生的一种营养失调症。其主要症状是叶脉间失绿。开始时出现的症状是叶脉间失绿，但叶脉保持绿色，症状严重时叶脉也失绿，其中新梢顶部叶片表现症状早且严重。

　　引起缺铁失绿的主要原因有土壤有机质含量不足、pH 值过高、Ca^{2+} 含量过高等。缺铁失绿的矫治，最有效的方法是施用酸性肥料硫酸铵。若结合土壤改良同时掺入草炭效果更好。叶片喷施硫酸亚铁，只能暂时使叶片恢复绿色，而且硫酸亚铁在叶片中很难扩散，施用后只出现斑状恢复。叶面喷施螯合铁效果较好，30d 内叶片转绿，且第二年仍然有效。对缺铁植株可在夏季或花后叶面喷施螯合铁 $6.7kg/hm^2$；如仍持续缺铁，可土施螯合铁 $28kg/hm^2$。

（2）缺镁症

蓝莓缺镁其症状是浆果成熟期叶缘和叶脉间失绿，主要出现在生长迅速的新梢和老叶上，以后失绿部位变黄色、橘黄色，最后呈红色。

缺镁失绿症可用氧化镁来矫治，施用量为 $22.4kg/hm^2$。

（3）缺硼症

蓝莓缺硼的症状是芽非正常开绽，萌发后几周顶芽枯萎，变为暗红色，最后顶端枯死。

其引起缺硼症的主要原因是土壤水分不足。可以通过叶面喷硼来矫治。可在晚夏或翌年初花期在叶面喷施 $11.7kg/hm^2$ 硼酸；如持续缺硼，可在土表施硼酸 $5.6kg/hm^2$。以上是三种田间条件下常发生的缺乏症状，其他缺乏症状及矫治方法可参考表 5-7。

表 5-7　蓝莓矿物质养分缺乏症及其矫治

元素	缺乏时元素含量(干重)	缺乏时主要症状	施肥矫治措施
氮	1.5%	新梢生长量减少，叶片变小，叶片黄化，白绿色老叶首先表现症状	施氮肥 $67.3kg/hm^2$，分 2 次施入，如果土壤覆盖或灌水较多，再增施 50%
磷	0.1%	生长量降低，叶片小且暗绿，并出现紫红色，老叶首先表现症状	土施五氧化二磷每年 $56kg/hm^2$

元素	缺乏时元素 含量(干重)	缺乏时主要症状	施肥矫治措施
钾	0.4%	叶片杯状卷起,叶缘焦枯, 老叶首先表现症状	土施氧化钾每年 45kg/ hm²
镁	0.2%	叶脉间失绿,伴有黄色或红 色色斑,老叶首先表现症状	土施氧化镁每年 22.4kg/ hm²
钙	0.3%	幼叶叶缘失绿,出现黄绿色 斑块	根据土壤 pH 值低于 4.0 的多少,施用石灰 10~40t/ hm²
硫	0.05%	幼叶叶脉明显黄化,老叶呈 黄绿色	土施硫酸铵
氯	中毒水平 >0.5%	中毒症状为新梢中部叶片 的中上部表面为咖啡棕色, 基部叶片尖部变黄	不施含氯的肥料,如氯化 铵、氯化钾等
铁	60mg/kg	幼叶叶脉间失绿、黄化,叶 脉保持绿色	降低土壤 pH 值,叶面喷 施螯合铁 2.24kg/hm²
锰	20mg/kg	幼叶叶脉间失绿,但叶脉及 叶脉附近呈带状绿色	将土壤 pH 值调至 5.2 以 下,叶面喷施螯合锰 1.12kg/ hm²
锌	10mg/kg	叶片变小,节间缩短,幼叶 失绿,并沿叶片中脉向上卷起	将土壤 pH 值调至 5.2 以 下,叶面喷施螯合锌 1.12kg/ hm²,加水 220L
硼	10mg/kg	新梢顶端枯死,幼叶小且呈 蓝绿色,并常呈船状卷曲	充分灌水,叶面喷硼
铜	10mg/kg	症状与缺锰相似,但有时新 梢顶端枯死	保持土壤排水良好,将土 壤 pH 值降至 5.2 以下

注:引自 Paul Eck 1988. Blueberry Science。

导致蓝莓矿物质元素缺乏的原因很多,但归结起来主要有以下几个。

① 土壤水分含量低或分布不均。

② 排水不良、虫害、肥害、伤害和土壤板结等原因引起根系发育不良。

③ 土壤中铵态氮含量不足。

④ 土壤中有机质含量不足。

可以看出，土壤理化性状是导致矿物质营养缺乏的主要原因。在栽培蓝莓时，创造一个良好的土壤条件，可以促进植株正常生长结果，并且避免各种营养失调症。

3. 树体营养诊断

营养诊断是合理施肥的依据，包括土壤分析和叶分析。

(1) 土壤分析 蓝莓栽植前和栽植后每3~5年都要进行一次土壤理化性状分析，包括土壤结构、pH值、有机质含量及速效养分含量分析，根据土壤肥力状况确定施肥量，避免过量施肥。根据土壤养分含量确定的氮、磷、钾肥用量可参考表5-8、表5-9。

表5-8　根据土壤类型的土壤施氮量

土壤类型	施氮量/(kg/hm²)
矿物质土壤(有机质含量低到中)	56
矿物质土壤(有机质含量高)	28
有机质土壤	11

表5-9　根据土壤测试施磷量及施钾量

土壤磷含量/(kg/hm²)	土壤施五氧化二磷量/(kg/hm²)	土壤钾含量/(kg/hm²)	土壤施氧化钾量/(kg/hm²)
0~22.4	112	0~57.2	168
23.5~44.8	56	57.2~112	112
46~67.3	25	112~168.3	56
>67.3	0	168.3~224	28
		>224	0

注：引自 Wildung. D. K. 1988。

(2) 叶分析

① 取样。利用叶分析进行蓝莓树体营养诊断有准确、迅速的特点。根据叶分析的结果可以制订施肥方案，避免盲目性。但在叶分析的同时应该进行土壤分析，以找出营养失调的原因。叶分析的结果能否正确反映树体的营养状况关键在于取样，包括取样的时期及取样部位。

取样时期。在果实采收前到采收后1~2周内进行，过早或过晚都不能准确反映树体营养水平。

选株。在一片果园内，每一品种选择至少 10 株，可采用 Z 形或对角线法选株，使所选植株能代表整个果园的情况。所选树树龄、所处的土壤肥力、地势应一致。如果一片果园内地势肥力变化较大，应分别选株取样。

取样。在结果枝上选从顶部第 4～6 片生长成熟的叶片，每株树按方位均匀取 5 片叶，共 50 片叶组成一个样本。病虫叶、机械损伤叶应避免。如果叶片出现缺素现象，应单独取样。

② 样品处理。将采集的叶片，先在 0.1％中性洗涤剂中清洗，然后用清水冲洗，再用无离子水冲洗至少两次后，用 70～80℃ 烘箱烘干。在田间条件下，可用尼龙网袋装叶片，悬挂于通风处阴干。注意每一样品要写好标签、注明操作人员姓名、样品品种。取样时应调查产量、植株生长状况、果园施肥及农药应用情况。

③ 样品分析。样品烘干后，送到指定的测试分析中心分析。

④ 诊断。根据叶分析标准值、叶分析的结果、土壤分析结果及果园管理状况，对果园树体营养盈亏做出判断，制订施肥方案。叶分析标准值是进行营养诊断的主要依据。它的制订需经过多年的田间试验、沙培试验。比较细的叶分析标准值应以每一个地区每一个品种为基础建立，但工作量很大。美国对高丛蓝莓和兔眼蓝莓建立了叶分析标准值（表 5-10）。

表 5-10　高丛蓝莓和兔眼蓝莓叶分析标准值

元素	缺乏＜	适宜范围 高丛蓝莓（兔眼蓝莓）	过量＞
氮/％	1.70	1.8(1.20)～2.10(NA)	2.50
磷/％	0.10	0.12(0.08)～0.40(0.17)	0.80
钾/％	0.30	0.35(0.28)～0.65(0.60)	0.95
钙/％	0.13	0.40(0.24)～0.80(0.70)	1.00
镁/％	0.08	0.12(0.14)～0.25(0.20)	0.45
硫/％	0.10	0.12(NA)～0.20(1.70)	NA
锰/(mg/kg)	23	50(25)～350(100)	450
铁/(mg/kg)	60	60(25)～200(700)	400
锌/(mg/kg)	8	8(10)～30(25)	80
铜/(mg/kg)	5	5(2)～20(10)	100
硼/(mg/kg)	20	30(12)～70(35)	200

注：1. 引自 Paul Eck 1988. Blueberry Science。

2. NA 表示未测定。

4. 施肥的方法

(1) 肥料种类 在土壤酸碱度适宜的情况下，蓝莓通常仅需施氮、磷和钾3种元素肥料，而且以氮肥为主。如果土壤中其他必需元素含量过低，或叶的营养状况数值低于最适含量的下限，或已经出现缺素症状，则应施入其他元素。

施用营养全面的农家肥效果最好，但因在实践中农家肥的量往往难以满足需要，因此常需要补充化肥。现在市场上呈颗粒状态的有机复合肥效果也很好，在土壤中可以缓慢释放，不易被土壤固定，一般不会因施肥过量而对植株造成危害。有机复合肥或化学复合肥中氮、磷、钾的比例通常为1：1：1，因此施此类肥料时应适当补充氮肥，有时还要补充适量的钾肥。

提示板

由于蓝莓对铵态氮的吸收和利用能力比硝态氮强，因此在施氮肥时应尽量施用铵态氮，而避免施用硝态氮，尤其是硝酸钠，少量的硝酸钠即可使植株致死。当土壤pH值在5以下时，可以施尿素，此时尿素氮可以顺利地转化为铵态氮；土壤pH值在5以上时，最好施硫酸铵，硫酸铵不仅可以提供铵态氮，还可以使土壤pH值保持在较低的水平。由于蓝莓对氯元素敏感，应避免施氯化铵。同样，在施钾肥时也应避免使用氯化钾。如果购买复合肥，应事先了解其主要成分，氯元素的含量应尽量低。

(2) 施肥方法

① 撒施。Austin认为，施肥深度应与土壤质地对应。比较疏松的土壤，如在沙质土壤上，可将化肥施于土壤表面；壤土施肥稍深；黏土施肥更深。因此，在沙质土壤，或用有机物充分改良、足够疏松的土壤上，或在基质上，可以采用撒施的方法；而在壤土和黏土上不宜用撒施。

② 沟施和穴施。在壤土和黏土上可以采用开沟或挖小洞穴施肥。沟、穴不宜过深，壤土10cm左右，黏土15～20cm。开沟时要避免伤及植株的大根。成年果园中可以开以植株基部为中心的放

射状沟，或以植株基部为圆心的圆弧形沟。放射沟不可到达植株基部；圆弧形沟应尽量在树冠投影的外围部分，而且不要连接成圆形。开沟的位置逐年轮转。沟施对根系有一定程度的伤害，一年中最好只用 1 次，在秋季施基肥时使用，生长季追肥最好用挖穴点施。对于幼年果园，如果土壤黏重，建园时未能充分改良，而只改良了定植穴或定植沟的部分，可以在施基肥时向外扩穴或扩沟，深度可以达到 35~40cm，结合施肥进行土壤的进一步改良，在穴内掺入有机物等。但施肥深度仍是 10~20cm，而不是将肥料施在沟底。

③ 叶面喷施。在生长季，植株出现某种元素缺乏症时，可在土壤施肥的同时，通过叶面喷施相应的肥料，尽快缓解症状。但对常量元素而言，叶面施肥只能作为一种补充方式，不可代替土壤施肥。对于微量元素肥料而言，可以将叶面喷施作为主要方式，以避开土壤的固定作用，增加肥效。

④ 营养液滴灌。在有滴灌条件的果园，营养液滴灌是很好的施肥方式，不仅省工，而且施得均匀，不伤植株根系，肥效也较快。在用树皮等有机物为主要栽培介质的果园，滴灌施肥更为重要，因为在这样的基质下施肥，要求尽量"少吃多餐"。其他的施肥方式比较费工，如果一次性施入较多的肥料，则可能对植株造成伤害，肥料容易流失，而且会加速基质分解。

(3) 肥料比例、施肥量、施肥频度和时期　关于 3 种主要元素肥料的施肥比例很难有明确的规定，各种报道说法不一，且差异很大。但一般来说，氮肥是蓝莓需要量最大的肥料，其次是钾肥，而磷肥的需要量较小。兔眼蓝莓比高丛蓝莓对氮肥的要求要高一些，因而高丛蓝莓可以适当降低氮肥的比例。Austin 认为，对蓝莓施用氮、磷、肥料的比例大约为 16：4：8，这可以作为参考。但实际上，在生产中还要根据土壤中各种元素的含量和利用率、流失情况，根据植株的营养和生长情况等适当进行调整。有时 3 种肥料甚至可以按 1：1：1 的比例施基肥，氮肥和钾肥不足的部分可以在追肥时补充。

按照一定的比例，通常盛果期的果园可以按照大约 $70kg/hm^2$ 每年的施氮量进行施肥。通常兔眼蓝莓每年可以施 2 次大约 1：1：1的完全肥料，第一次在开花前后，第二次在果实采收结束以后。高丛蓝莓果实成熟较早，其施肥时间也和兔眼蓝莓相当（不是采果后）。氮肥不足的部分可以分批追施，频度与土壤和施肥方式有关。如果是通透性强、保肥保水能力较差的土壤，或可以通过滴灌很方便地施肥，则可每 2 周施肥 1 次，每次施肥量要小；反之，则可以适当延长施肥间隔时间，增加每次的施肥量。钾肥不足的部分，可以和氮肥同时补充，也可以分 1～2 次补充。蓝莓对过多的肥料比较敏感，施肥量不宜过大，必需的用量也应尽量分多次施入，否则极易造成肥害。具体的施肥量还要根据土壤的元素含量、土壤质地和植株需肥量确定。植株的需肥量和蓝莓树体营养水平及生长结果情况有关，越是生长旺盛、结果量大的植株需肥量越大。如果植株矮小，生长缓慢，不能靠加大施肥量促进其生长，而更应谨慎施肥。

高丛蓝莓可以适当增加施肥量，幼年果园则需根据植株大小确定施肥量。新建果园在定植 2 个月以后方可少量施肥，每株施氮、磷、钾各 1g 左右。

（三）水分管理

当土壤干旱时，蓝莓生长势和当年的产量都会受到严重影响，甚至影响到下一年的生长和结果。过分的干旱还会影响脆弱的吸收根。当土壤排水不良时，由于水分过多、土壤透气不好，蓝莓的根系会很快褐变、腐烂，植株长势的恢复比干旱的影响更加缓慢。水分过多造成的树势衰弱在一二年内都难以恢复。因此，要取得好的收获，水分必须严格控制在适宜的水平，既要充足，又不至于过量。水分管理的任务主要是灌水，如所选地块为沼泽地或地下水位较高，可采用台田或挖排水沟的方法解决排水问题。

(1) 蓝莓的需水特点 适当的土壤水分是蓝莓生长所必需的，水分不足将严重影响树体的生长发育和产量。从萌芽至落叶，蓝莓平均所需水分相当于每周降水 25mm，从坐果到果实采收所需水分相当于每日降水 40mm。

（2）灌水时间的确定

蓝莓灌水必须在植株出现萎蔫以前进行。灌水时间的确定应视土壤类型而定。沙土持水力低，容易干旱，需经常检查并灌水，有机质含量高的土壤持水力强，灌水可适当减少。但在有机质含量高的土壤上，黑色的腐殖土有时看起来似乎是湿润的，但实际上已经干旱，容易引起判断失误，需要特别注意。

判断灌水与否可根据田间经验判断进行，用土铲取一定深度的土样，然后放入手中进行挤压。如果土壤出水，则证明水分合适；如果挤压不出水，则说明已经干旱。取样土壤中的土团，如果挤压容易破碎，说明已经干旱。根据生长季内每月的降雨量与蓝莓生长所需降水比较也可做出粗略判断。当降雨量低于正常降雨量 2.5～5mm 时，即可能引起蓝莓干旱，需要灌水。比较准确的方法是烘干法测定土壤含水量，也可通过测定土壤电导率或电阻进行判断。测定土壤电阻的方法比较简单，而且准确。从田间取 15～45cm 深的土壤样品，接通电阻计，当土壤失水干旱时电阻值升高。蓝莓主产区或野生分布区主要位于具有地下栖留水的有机质沙土上。土壤地下水位必须达到足够的高度，从而保证上层有机质沙土层有足够的土壤湿度。要达到既能在雨季排水良好又能满足上层土壤湿度，土壤的栖留水水位宜在 45～60cm。水位低于 60cm 时应灌水。在蓝莓果园中心地带应设置一个永久性的观测井，用来监测土壤水位。

（3）水源和水质 自来水所用的消毒剂中常含有氯元素（如次氯酸钙、氯气等），而蓝莓对氯元素比较敏感，非迫不得已的情况下尽量不用自来水。比较理想的水源是地表池塘水或水库水。如果水库、池塘水不能满足用量，也可以用地下水（井水），但在夏季井水的相对温度较低，直接用井水有时会加剧生理干旱，尤其是在烈日当空时。所以，若用井水，最好将井水先打入池塘，待温度上升后再用于灌溉。深井水往往 pH 值高，而且钠离子、钙离子含量高，长期使用会影响蓝莓的生长和产量。如果灌溉用水的 pH 值过高，需将 pH 值下调至生长所需水平。如果水的钠离子含量过高，最好不要作为灌溉用水。

（四）整形修剪

【知识链接】

蓝莓的枝叶生长特性

蓝莓新梢在生长季内多次生长，2 次生长最普遍。第 1 次快速生长在 5 月至 6 月，与开花同时进行，第 2 次是在 7 月中旬至 8 月中旬。叶芽萌发抽生新梢，新梢生长到一定长度停止生长，顶端生长点小叶变黑形成黑尖，黑尖期维持 2 周后脱落并留下痕迹，叫黑点。2～5 周后顶端叶芽重新萌发，发生转轴生长，这种转轴生长 1 年可发生几次。最后 1 次转轴生长顶端形成花芽，开花结果后顶端枯死，下部叶芽萌发新梢并形成花芽。

新梢生长茎粗的增加和长度的增加成正相关。按照茎粗，新梢可分为三类：细<2.5mm、中 2.5～5mm、粗>5mm。茎粗的增加与新梢节数和品种有关。对晚蓝品种进行调查发现，株丛中 70％新梢为细梢、25％为中梢，只有 5％为粗梢。若形成花芽，细梢节位数至少为 11 个，中梢节位数为 17 个，粗梢节位数为 30 个。

蓝莓有时会从根状茎上萌发出基生枝，这种基生枝可以加以利用，尽早形成树冠。

叶片的主要功能是制造养分、蒸腾水分和进行呼吸作用。蓝莓叶片互生，有常绿和落叶两种类型，高丛、半高丛和矮丛蓝莓在入冬前落叶，兔眼蓝莓为常绿，叶片在树体上可保留 2～3 年。叶片大小由矮丛蓝莓的 0.7～3.5cm 到高丛蓝莓的 8cm，长度不等。叶片形状最常见的是卵圆形。大部分种类叶背面被有茸毛，有些种类的花和果实上也被有茸毛，但矮丛蓝莓叶片上很少有茸毛。

1. 矮丛蓝莓修剪

矮丛蓝莓修剪的原则是维持树势和产量，主要有烧剪和平茬两种。

（1）烧剪 休眠期将地上部分全部烧掉，使地下茎萌生新枝，当年形成花芽，第二年开花结果，以后每两年烧剪一次，可壮树结果。烧剪后当年没有产量，但第二年产量比未烧剪产量提高1倍，而且果大、质优，产量损失得以弥补。另外，烧剪之后，新梢分枝少，适宜采收器采收和机械采收，可提高采收效率，还有消灭杂草、防止病虫害等优点。烧剪的时间宜在萌芽以前的早春进行。烧剪时，田间可撒秸秆、树叶、稻草等助燃。烧剪时需注意两个问题，一是要防止火灾，在林区栽培蓝莓时不宜采用此方法；二是将一个果园划分为两片，一片烧剪，另一片不烧剪，轮回进行，保证每年都有产量。

（2）平茬 平茬修剪原理同烧剪一样，从基部将地上部分全部锯掉。关键是留桩高度，留高桩对生长结果不利，所以平茬应紧贴地面进行。平茬修剪后地上部留在果园内，可起到土壤覆盖作用，而且腐烂分解后可提高土壤有机质含量，改善土壤结构，有利于根系和根状茎的生长。平茬修剪的时间为早春萌芽前。

2. 高丛蓝莓修剪

（1）幼树修剪 幼树定植后第一二年就有花芽，开花结果会抑制营养生长，幼树期修剪的主要目的是促进根系发育、扩大树冠、增加枝量，因此修剪以去花芽为主。定植后的第二三年春季，疏除弱小、病虫枝，留壮枝。第三四年仍以扩大树冠为主，但可适量结果，以壮枝为主要结果枝，一般第三年株产控制在1kg以下。2年生高丛蓝莓修剪前后示意图见图5-1。

（2）成龄树修剪 进入成年以后，内膛易郁闭，树冠比较高大，此时修剪主要是控制树高（对兔眼蓝莓尤其如此），改善光照条件，以疏枝为主，疏除过密枝、细弱枝、病虫枝，以及根系产生

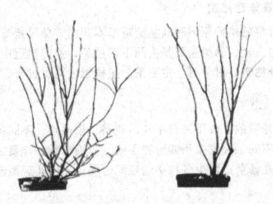

图 5-1　2 年生高丛蓝莓修剪前后示意图

的分蘖。对生长势较开张的树去弱枝留强枝，直立品种去中心干、开天窗、留中庸枝。结果枝最佳的结果年龄为 5～6 年，超过时要回缩更新；弱小枝可疏花芽或短截，使其转壮；回缩或疏除下垂枝。成龄树花芽量大，可通过修剪去掉一部分花芽，壮枝剪留 2～3 个花芽。见图 5-2，图 5-3。

图 5-2　蓝莓修剪前示意图

图 5-3　蓝莓修剪后示意图

　　(3) 老树更新　2～5 年生以后，植株地上部开始衰老，此时应进行全树更新，紧贴地面用圆盘锯将其全部锯掉，一般不留桩。若留桩时，最高不超过 2.5cm。使其从基部重新萌生新枝。全树更新后当年不结果，但第三年产量可比未更新树提高 5 倍。

3. 兔眼蓝莓修剪

兔眼蓝莓的修剪原则和高丛蓝莓基本相同，兔眼蓝莓修剪总的原则是修剪宜轻。幼树主要是去除下部枝条，修剪树冠中部部分枝条以免过分拥挤。对老树，主要是防止树冠过高、过密。

提示板

蓝莓修剪的主要手法有平茬、疏剪、短截等，不同的修剪手法其效果不同。究竟采用哪一种手法，应视树龄、枝量、花芽量等而定。在修剪过程中各种手法应配合使用，以实现最佳的修剪目的。

【典型案例】

北高丛蓝莓的适宜树形及整形修剪技术

近年来孙钦超（山东省莒南县果树研究所）和刘庆忠（山东省果树研究所）对北高丛蓝莓整形修剪技术进行了试验研究，根据北高丛蓝莓的生长结果特性和修剪反应，提出了多主枝二层开心形和自然丛状形两种树形并进行推广，取得较好的效果。

1. 多主枝二层开心形及其整形修剪技术

该树形的树体结构为：树高 1.3～1.5m，冠幅 1.5m 左右，主干上着生主枝 5～6 个，分两层，第一层 3 个，第二层 2 个，顶部开心，主枝上配备大中小相间的结果枝组。

北高丛蓝莓建园宜栽植 2～3 年生营养钵大苗。苗木定植后暂不修剪，保留所有枝条自然生长。第 1 年冬剪时选 5～6 个健壮基生枝，截留 40～50cm 培养主枝，疏除密生枝、细弱枝和所有花芽。第 2 年冬剪时对主枝延长枝留 50～60cm 短截，同时疏除细弱枝和密生枝。结果枝进行疏花，剪留花芽标准一般是健壮枝留 4～5 个，中庸枝留 2～3 个，衰弱枝不留花芽。第 3 年生长季疏除多余的基生枝，对主枝和枝组上的旺长枝重摘心促萌，增加结果枝数量。冬剪以疏为主，疏除树冠顶部过高的徒长枝、交叉枝、重叠枝、密生枝和衰弱枝，改善光照，节约养分。对结果枝按照标准疏花，强旺树适当多留，以果压冠。第 4 年进入盛果期后，注意更新复壮骨干枝和结果枝组。对主枝采取缩、放结合，对结果枝组采取缩、放和截等修剪手法，按标准留花芽，合理负载，保持树势健壮。清理基生枝，疏除交叉、重叠、密生和衰弱枝，旺长枝摘心，改善光照条件，提高果品质量。衰老期有计划地重回缩，疏除衰老主枝，选留基生新梢培养新主枝，更新复壮结果枝组，控制负载量，使"树老枝新、优质高效"。

2. 自然丛状形及其整形修剪技术

该树形的树体结构为：树高、冠幅和留主枝数量均同多主枝二层开心形，但主枝不分层，主枝上自然着生结果枝组。利用北高丛蓝莓顶端优势强，基生枝上极易产生旺长枝而自然更新的特点，对基生枝通过计划性回缩而非短截培养主枝。

苗木定植后暂不修剪。冬剪时多留基生枝用作主枝培养，疏除密生枝、细弱枝和所有花芽。第2年夏季对生长过旺的主枝重摘心，疏除多余基生枝。冬剪时主枝上已着生的旺长枝作为主枝延长枝，甩放不剪。原头轻剪培养结果枝组，过弱头缩剪至旺长枝处。疏除密生枝和细弱枝。结果枝留花量处理同二层开心形。第3年夏季继续对旺长枝、延长枝和徒长枝重摘心，疏除多余基生枝。冬季修剪，主枝过高的轻缩压冠，疏除交叉、重叠、密生和细弱枝。结果枝修剪同第二年冬剪，强壮结果枝剪留5~6个花芽，旺长树和旺长枝多留花芽，以果压冠，缓和其生长势。第4年进入盛果期，夏季对旺长枝轻摘心，疏除当年萌生的多余基生枝。采果后酌情疏除多留的基生枝。冬剪时回缩过高枝条，疏除树冠顶部过密枝，以改善光照条件。缩、放结合修剪，培养紧凑健壮的结果枝组。对交叉、重叠、过密和衰弱枝视空间大小有计划地逐步清理，达到"树体结构合理，枝条分布均匀，冠内风光通透，生长势力均衡，延长盛果年限，实现优质高效"。

衰老期，重回缩主枝，有计划地保留健壮基生枝培养新主枝，疏除无保留价值的衰老主枝，更新复壮主枝。利用缩、截、放和控制负载量的方法，更新复壮结果枝组。

（五）其他管理

1. 昆虫辅助授粉

蓝莓的花及生长特性

蓝莓的花为总状花序，两性花。花序大部分侧生，有时顶生。花单生或双生在叶腋间。蓝莓的花芽一般着生在当年生枝顶部。花芽分化始于8月初，到生长季末肉眼可见，在枝条顶端和近顶端数节可见到明显膨大的卵形花芽，3.5～7mm长。花芽在叶腋间形成，逐渐发育，当外层鳞片变为棕黄色时进入休眠状态，但花芽内部在夏季和秋季一直进行各种生理生化变化。当2个老鳞片分开时，形成绿色的新鳞片。花芽沿着枝轴在几周内向基部发育，迅速膨大形成明显的花芽并进入冬季休眠。叶芽呈狭长形，与花芽易于区分。每一根枝条可以分化的花芽数与品种和枝条粗度有关，一般高丛蓝莓5～7个，最多可达15～20个。花芽在节上通常是单生，偶尔会有复芽，其发生的概率与枝条的生长势有关，粗的枝条产生复芽的概率高。单芽和复芽的分化期和开花期相同。

花原基的出现时期，高丛蓝莓花序原基是在8月中旬形成，矮丛蓝莓是在7月下旬形成。高丛蓝莓花芽内单朵花的分化以向顶方式进行。花序梗不断向前分化出新的侧生分生组织。在一个花序中基部的花芽先形成、先开放。矮丛蓝莓是在花序梗轴不发育以后，先是近侧的花原基同时分化，然后是远侧的花原基分化。近侧的分生组织变扁平并出现萼片原基以后，接着花器的其他部分向心分化。大约在8月底时从外形上可以看出，枝条顶端的花芽比基部的叶芽大而且圆胖，高丛蓝莓的各个花器在10月份都可在显微镜下观察到。当温度保持在8℃以上时，花芽继续发育，直到夏末秋初。到冬季开始休眠时花药已经完全形成而雌配子体则形成了孢原组织。从花芽形成至开花约需要9个月。春季花芽先萌动3～4周后到盛花期。当花芽萌发后，叶芽开始生长，到盛花期时叶芽才萌发生长到其应有的长度。

　　蓝莓单花形状为坛状（图5-4），亦有钟状或管状。花瓣联结在一起，有4～5个裂片。花瓣颜色多为白色或粉红色。花托管状，并有4～5个裂片。花托与子房贴生，并一直保持到果实成熟。子房下位，常4～5室，有时可达8～10室。雌蕊包括花柱和柱头，雄蕊包括花药和花丝。每一花中有8～10个雄蕊。雄蕊嵌入花冠基部围绕花柱生长，雄蕊比花柱短。花药上半部有2个管状结构，其作用是散放花粉。

图5-4　蓝莓开花状

　　蓝莓花器的结构（图5-5）特点使其靠风传播花粉比较困难，授粉主要靠昆虫来完成。为其授粉的昆虫主要为蜜蜂和大黄蜂。有些品种的花冠深，蜜蜂不能采粉，主要依靠大黄蜂授粉。保护蜜蜂和大黄蜂非常必要。授粉期应尽可能避免使用杀虫剂。有条件的应进行人工放蜂，以提高坐果率。

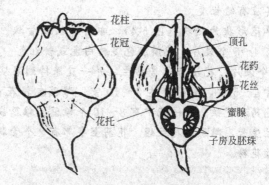

图 5-5 蓝莓的花器结构

花柱
花冠
顶孔
花药
花丝
蜜腺
花托
子房及胚珠

提示板

　　异花授粉是提高蓝莓产量和果实大小的重要因素之一。异花授粉可使高丛蓝莓的坐果率从 67％提高到 82％，使兔眼蓝莓从 18％提高 47％。因此，在蓝莓的种植园内，至少需配置两个以上品种相互授粉，以提高产量和品质。

2. 生长调节剂的应用

　　盛花期喷施 20mg/L 的赤霉素溶液，可提高蓝莓的坐果率，并能产生无种子果实，果实成熟期也可提前。在美国已生产出蓝莓专用赤霉素药剂。

第六章

设施蓝莓周年栽培管理技术

一、蓝莓设施栽培的意义

通过设施进行蓝莓栽培是在外界环境条件不适宜蓝莓生长的区域或季节，创造适宜蓝莓生长发育的环境条件来进行生产的一种栽培方式。

利用设施栽培技术进行蓝莓生产，通过人工创造果树所需的优良环境条件，最大限度地满足根系对水、肥、气、温等诸多的要求。克服了北方露地栽培受气候条件限制等不利因素的影响，可以使南高丛蓝莓品种群、兔眼蓝莓品种群的一些优良品种在北方也能大量生产。

运用设施栽培技术，可使作物提前萌芽，延长生育期，获得充分成熟的果品。而且设施栽培还可克服以上恶劣的自然环境，使作物产量高、品质好，从而获得较高的收益。

运用设施栽培技术，提高了对栽培环境的控制能力，人工为作物创造了良好的根系营养与环境，与露地栽培相比，采收期能大幅度地提前，利用温室栽培，可以使采收期比露地提早 40～80d。配合不同的栽培方式，可以实现鲜果的周年供应。这样，可极大地补充水果淡季的市场需求，经济效益也十分可观，以温室蓝莓为例，鲜果价格是露地蓝莓的 5～10 倍。这样既可以提高生产者的收入，也可以满足消费者的需求，对蓝莓产业的健康可持续发展有着重要的现实意义。

二、蓝莓对设施环境条件的要求

半高丛、北高丛蓝莓的生育期一般为 130～250d，生长季最适温度范围为 20～27℃、25～30℃。不同生长发育时期对温度的要求有所差异，北方寒冷地区栽植蓝莓，温室环境温度在日照良好的天气，白天完全可以达到蓝莓生长对温度的要求。决定北方地区设施蓝莓栽培是否成功的关键性问题是夜间温度是否能够满足蓝莓生长的要求，夜间需要通过设施外覆盖草毡、棉被等覆盖物、设施内进行多层膜覆盖等措施进行保温，如果温度仍然过低，需要使用增温设备来提高夜间温度。如果白天温度高于最适温度，可以通过开通风口来进行降温。

蓝莓对湿度的要求一般为 75%～85%，设施栽培为相对密闭环境，湿度控制主要是降低空气湿度，通过地面覆盖塑料膜来降低空气湿度，也可以在保证温度适宜的前提下，通过通风来降低空气湿度。

由于塑料薄膜覆盖会降低光照强度，以温室为例，温室的墙体、骨架都会遮光或影响对散射光的利用。在保证设施温度适宜的前提下，适当早揭晚盖覆盖物，阴天也要注意对漫射光的利用。连阴天也可以通过人工补光来增加光照，可以安装补光灯或浴霸灯等人工补光设施。

设施由于环境密闭，气体流通不畅通，容易导致 CO_2 浓度过低或不良气体的积累，所以要在保证温度的前提下，进行通风换气。

三、品种选择

1. 选择需冷量低的品种

不同树种、品种的需冷量各不相同，这就决定了不同树种、品种在设施栽培中扣棚时间的早晚。品种的需冷量越低，通过自然休眠的时间就越短，扣棚升温的时间也就可以相应提早，它的果实成熟期比露地栽培的果实成熟期提早的时间就越多。所以，在设施栽培中，要尽可能选择需冷量低的果树品种。

2. 选择早熟品种

设施栽培中的温室栽培品种应在本地露地蓝莓上市之前成熟，同时也要考虑南部地区露地蓝莓的上市时间。这样才能够有明显的反季节优势，达到较好的经济效益。温室蓝莓栽培主要以早熟的品种进行促早栽培为主，也可以进行延迟栽培。露地蓝莓的上市时间，大连地区和山东地区为6月上旬至7月上旬。所以要进行设施栽培，就要避开这段时间上市，否则就会影响经济效益。要利用设施进行抢早栽培，保证3月中旬至5月份上市。寒冷地区发展设施蓝莓的优势在于蓝莓树体进入休眠期早，打破休眠的时间也可相应的提前，有利于蓝莓的提早上市，如果结合选择需冷量少，果实发育期较短的蓝莓品种，可以实现抢早上市。同时可以选择中晚熟品种搭配栽培，延长市场供应期。

3. 选择优质大果型鲜食品种

由于设施栽培的果品主要用于鲜食，因此，要选择那些果实个大、风味佳、果型整齐、耐贮运、丰产性好、糖酸比适度、商品性强、货架寿命长的优质品种。

4. 选择适应性强的品种

栽培设施内温度高、湿度大，加之采取了密植栽培方式对土壤条件的要求高，因此，应选择对温、湿环境条件适应范围较宽，耐弱光，对土壤适应性强，对病害抵抗能力强，花芽抗寒性较强的品种。

四、主要优良品种

蓝莓的设施栽培以反季节收获鲜果为目的，应首选果个大、果粉厚、风味好、产量高、耐贮运的品种，综合考虑品种的适应性、树势、需冷量、果实发育期等因素，以高丛蓝莓系列品种为宜。北高丛蓝莓是目前北方地区设施栽培中使用较多的类型，该系列品种果实大、风味好，品质优，需冷量为 800～1000h。都克、蓝丰、伯克利等北高丛品种均已在温室中栽培成功。南高丛蓝莓也具有果实大、丰产、品质好的特性，且对土壤的适应性强，需冷量低至 150～600h，夏普蓝、奥尼尔等品种都是适宜温室栽培的优良品种。

1. 蓝塔

是最早熟的品种之一，生长情况优于露地。植株比较小而紧凑，特别适于密植。产量中等，果实大小中等，风味佳。

2. 早蓝

也是最早熟的品种之一，生长势强，产量中等，果实大而且风味佳。

3. 斯巴坦

早熟品种，树势强，树体直立。果粒圆形，最大果可达 6g，是目前栽培品种中果实品质最优良的品种之一。但该品种对土壤条件的要求较高。

4. 都克

又名公爵，早熟品种，树体生长旺盛，树冠开张。适应性强，丰产性好，果实中到大型，硬度大，风味好，经冷藏后芳香味浓。

5. 北卫

又名爱国者，属早熟品种，成熟期比斯巴坦和都克晚一周。生长势强，产量高。因为果穗过于紧密，不容易检查果实是否充分着色成熟。设施内栽培有果腐病。

6. 蓝乐

为早熟品种，生长快，枝条强壮直立，产量中等。果实中等大小，浅蓝色，风味佳。

7. 蓝丰

中熟品种，在设施栽培条件下极丰产，果实大、坚实、风味佳。

8. 伯克利

中熟品种，生长势强，果穗大而松散，丰产，果大优质。果实成熟后，可留在树上超过 6 周，果枝与果实黏着紧密。

9. 北陆

中早熟品种，树体健壮，树冠开张。果实中大、圆形。成熟期一致，风味佳。本品种适应性强。

10. 奥尼尔

极早熟，树体半开张，分枝较多。早期丰产能力强。开花期早且花期长。极丰产。果实中大，果蒂很干，质地硬，鲜食风味佳。冷温需要量为 400h。

11. 密斯梯

中熟，成熟期比奥尼尔晚 3～5d。树体直立，生长势强。在不是过量结果的情况下果实品质优良，果大而坚实，色泽美观，蒂痕小而干，坚实度好，有香味，易扦插繁殖。冷温需要量为 150h。

五、栽植技术

1. 定植前准备

（1）**土壤改良**　蓝莓不耐旱、不耐涝。适宜在通气良好、有机质含量高的酸性土壤中（pH 值）生长。对于黏度偏大的土壤可掺入适量河沙增加透气性，并建立良好的排水系统，及时排除土壤中的多余水分，防止涝害。大多数蓝莓品种可以在 pH4.0~5.5 的土壤中正常生长，以 4.3~4.8 为最佳，有机质含量为 8%~12%，至少不低于 5%。对于不符合蓝莓生长的土壤类型在定植前应进行土壤改良。土壤酸碱度可使用硫黄粉和硫酸亚铁调节，增施有机肥提高土壤的酸碱缓冲能力。定植前整地时掺入适量硫黄粉和硫酸亚铁，可降低土壤的 pH 值，硫黄施用后需 30d 左右可起作用。硫黄使用量为 1~1.5kg/m³。同时每亩施 10m³ 腐熟的牛粪。

(2) 苗木准备 要考虑当地气候条件、土壤条件、品种特性等因素选择适宜的品种。苗木要选择品种纯正、无病虫害的壮苗，设施栽培宜选择高丛蓝莓或半高丛蓝莓早熟型品种，利于促成栽培。授粉品种常采用花期一致、花粉量大的优良品种。定植苗最好是生根后抚育 2~3 年的大苗，有利于尽早形成树冠，形成产量。对苗木质量的要求：苗木根系发达完整，根细长、根茎粗度 1cm 以上；株高不小于 80cm；地上具有 3~5 个分枝，分枝着生多个侧枝。

(3) 起垄作畦 温室蓝莓栽培宜采用起垄作畦栽培，有利于提高地温。南北行向，垄的高度为 30~40cm，宽度 0.8~1m。垄做好后需要浇水沉实，缺土及时补填。

2. 定植密度

定植密度随品种及苗木大小不同而异，以使树冠充分见光又不因过稀而浪费土地为原则。

半高丛蓝莓行距 1.5~1.8m，株距 0.8~1.0m。北高丛蓝莓行距 1.8~2.0m，株距 1.0~1.2m。

为了提高前期产量，也可以采取密植栽培，即行距不变、株距减少为原来的一半，这样增加了株数，提高了前期产量。后期根据树体生长情况，适时将临时株移栽。确定栽植密度后进行打点。

3. 授粉树配置

有些蓝莓品种自花不实，必须配置授粉树。配置授粉树可以提高蓝莓的坐果率，增加单果重，提高产量和品质。同一栋温室可以栽培 2~3 个品种，要选择花期邻近、需冷量和物候期相近的品种，授粉树的配置以 1:1 或 1:2 为宜。

4. 定植时期

温室定植一年四季均可，以蓝莓落叶休眠后至萌芽前进行为宜，其他时间定植需进行遮阴等措施提高苗木成活率。栽植前必须提前做好土壤改良工作，春季栽植，需要在上年完成土壤改良，然后在定植前温室上膜，土壤解冻后苗木发芽前即可定植。秋季定植，一般在夏季之前完成土壤改良工作，定植时间一般为苗木落叶后，尽早定植，栽后覆膜盖棉被进行低温弱光促眠，满足蓝莓对需冷量的要求。

5. 定植技术

定植时将苗木从营养钵中取出，在定植垄上挖 20cm×20cm×20cm 的定植坑，然后将苗木移栽，埋后轻轻踏实，回填土以多覆盖原来苗木 3cm 为宜，然后浇透水，缺土及时补填。

6. 定植后管理

(1) 土肥水管理 蓝莓根系分布浅，容易受土壤水分和温度变化的影响。生产上可采用土壤覆盖的方法，有机物覆盖可以提高土壤有机质含量，改善蓝莓根系生长的微环境，调节土壤温度，保持土壤湿度，控制杂草等。覆盖物一般可用锯末、烂树皮等。方法是将覆盖物均匀地盖在床面上，厚度为 10~15cm。

蓝莓为寡营养嫌钙忌氯植物，在有机质含量高、土壤肥沃的蓝莓园中可不施或少施肥，或根据土壤分析或叶分析结果适量施肥。蓝莓施肥时提倡氮、磷、钾配比使用。在有机质含量较高的土壤上，应减少氮肥的用量，肥料比例为 1:2:3 或 1:3:4。在矿质土壤上，施肥比例宜采用 1:1:1 或 2:1:1。肥料的选择上不要选择含氯及含钙高的肥料，推荐使用硫酸铵等生理酸性肥料。

蓝莓喜水怕涝，水分不足或过多均会影响树体的生长发育和果实产量。灌水方法可采用沟灌、喷灌、滴灌等。灌水必须在出现萎蔫之前进行。根据土壤类型的不同确定灌水次数，沙土持水力低，易干旱，可适当增加灌水次数。有机质含量高的土壤持水力强，可适当减少灌水次数。

（2）**修剪技术**　栽植在温室的蓝莓，树体生长空间受到限制，整形修剪要适应温室的环境条件。整形一般采用北高南低斜面式群体结构。培养树形为丛状立体分层形，保证通风透光，果枝层散、立体分布，保证果实优质、高产、稳产、高效。修剪一般在萌芽之前进行，以疏枝和短截为主，以改善光照。疏除基部细弱枝，集中养分；短截徒长枝和强发育枝，培养翌年的结果枝组；疏除病残、衰老及过密的枝蔓，改善冠内的通风透光条件。丰产性强的品种应对其结果枝组进行回缩修剪，以增大果个。

（3）**病虫害防治**　病害主要是灰霉病、枯枝病、茎基腐病、根腐病等。虫害主要有蛴螬（金龟子）、蚜虫、鳞翅目害虫等。蓝莓温室栽培萌芽期主要是金龟子危害，可采用人工捕杀方法防治。温室揭膜后注意蚜虫危害，可用人工捕杀或黄板诱杀，如果大量发生可喷施吡虫啉等环保药剂进行控制。根据不同的病虫危害及时选用不同的杀菌剂交替喷洒，坚持"预防为主，综合防治"的原则。

灰霉病为温室蓝莓常见的主要病害之一，主要危害花和果实。症状为花或果产生灰色霉状物并腐烂。病因为温室空气湿度过大、白天长时间低温寡照。防治方法：①在保证温度标准的前提下，加大放风排湿量，尤其是花期和果实膨大前期。②烟熏剂防治。以升温期、花前以预防为主。用预防灰霉病的烟熏剂在下午铺放保温被后进行烟熏；若已发病也应以烟熏方式进行。烟熏方式操作简单，效果显著。

枯枝病为温室、露地蓝莓近几年逐渐上升的病害，具有传染性强、发病快、致死率高等特点。主要危害叶片和枝条，症状为萌动期枝条顶端出现黑色斑点并逐渐下延，枝条变褐（黑），严重的整个枝条或丛状枝死亡；新梢生长期侵染枝条顶端叶片，出现不规则褐色病斑并逐渐向下侵染，致枝条死亡，严重的整株死亡。主要发病期在采后修剪新梢生长期，露地在雨季等高温高湿季节。防治方法：萌动期、新梢生长期以预防为主，喷施叶枯唑＋嘧霉胺＋甲基硫菌灵或多抗霉素。露地发病初期及时喷施上述药剂 2～3 次，5～7d 喷 1 次。

蛴螬是蓝莓栽培的主要地下害虫。据不完全统计，60%以上新建园区不同程度地受到蛴螬危害。主要危害根系，症状为根系被啃食精光，丧失吸收功能，造成植株萎蔫、发黄、落叶、死亡。病因为施用未腐熟或过伏有机肥。防治方法：有机肥必须腐熟且施用时撒施毒死蜱预防；过伏的有机肥不能使用，因其中有大量的蛴螬幼虫或卵。发病植株及时灌施毒死蜱 800～1000 倍液，根据病情决定灌施次数及用量。

六、设施环境调控技术

设施内的光照、温度、湿度、气体及土壤等综合环境条件，称为设施微环境。蓝莓设施栽培是在相对封闭的小气候条件下进行的，主要采用棚室覆盖、通风等创造或改善微环境条件来进行果树的促成栽培或延迟栽培。因此，环境调节是蓝莓设施栽培的重要环节，其调节适宜与否是设施栽培成败的关键。

蓝莓温室设施环境调控主要包括休眠期即扣棚时期、温室生长期即升温后两部分，撤膜后参照露地管理即可。

休眠期主要是满足蓝莓对冷温的需要量及需冷量。保证需冷量是温室生产成功的基础，否则开花不齐，坐果率低；或开花不长叶，影响产量、质量。蓝莓在满足其需冷量解除自然休眠后方可扣棚升温，不同品种的需冷量不同，不同地区的扣棚时间也存在差别。由于不同年份气候条件存在差异，应记录、计算低温积累量并以此确定扣棚时间。生产上采用的技术措施主要包括"人工低温暗光促眠方法"和"单氰胺破眠方法"。

人工低温暗光促眠方法：为使蓝莓植株快速通过休眠，生产上通常采用此方法。即当深秋初冬日平均气温稳定在 7～10℃时，夜间揭开保温被并开启通风口，让冷空气进入降温，白天盖上保温被或草苫并关闭通风口阻止热量传入棚室内升温，保持棚室内温度在 0～7.2℃范围内。当白天揭开保温被温室内的温度也能稳定在 7℃以下时，可昼夜覆盖。根据品种需冷量和棚室温度计算所需预冷时间，需冷量较高的北高丛蓝莓经过 30～60d 的预冷处理，即可顺利通过自然休眠。

单氰胺破眠方法：辽南地区12月中旬至1月初开始升温，为了保证打破休眠，确保叶芽萌发、叶花相对同步发育，在升温前对蓝莓整株喷施50%单氰胺稀释70～80倍溶液，能有效打破休眠，促进叶芽萌发，提高产量，提早上市15～20d。在北高丛蓝莓品种上应用效果较好。注意品种差异，品种不同则喷施浓度、方法不同。

【知识链接】

使用单氰胺注意事项

1. 单氰胺对眼睛和皮肤有刺激作用，直接接触后，会引起过敏，表层细胞层脱去（脱皮）。误饮，会损伤呼吸系统。如发生上述症状，请立即到医院就诊。

2. 使用时必须穿防护衣和防护眼罩，注意不要使皮肤直接接触。

3. 使用时不能吃东西、喝饮料和吸烟。操作前后24h内严禁饮酒或食用含酒精的食品。

4. 操作后用清水洗眼、漱口，并用肥皂仔细清洗脸、手等易暴露部位，清洗防护用品。

5. 单氰胺能使绿叶枯萎，使用时避免喷洒到相邻的正在生长的作物上。

6. 在有晚霜的地区，使用时注意晚霜，避免作物过早发芽而受到晚霜危害。

7. 不得与其他叶肥、农药混用。

8. 施用时请严格施用时期和倍数，由于核果类果树为纯花芽，鳞片的保护能力差，喷药时如果施用浓度不当，可能会出现药害，但甜樱桃表现较强的抗药性，这可能与外围鳞片对花原基的保护性较强有关。

9. 单氰胺要求贮存在20℃之下，不得与酸碱混贮。防止阳光直射。

七、周年栽培管理技术

(一) 休眠期管理

1. 适时扣棚降温促眠

辽南地区 10 月中下旬开始进入休眠，此时外界昼温 10℃左右，夜温 0℃左右，白天将温室保温覆盖物盖严，晚上卷起，保证温室内温度在 0℃左右，连续 1 个月左右就能满足蓝莓的休眠要求。此时叶片变红脱落，做好清扫、消毒工作。温室冬季盖膜前，要浇一次透水，增强枝条的越冬能力。

2. 修剪

蓝莓萌芽前修剪可在休眠期至树液流动前进行。注意树形的培养，休眠期主要是疏除内膛枝、交叉枝、重叠枝、过密枝、细弱枝和未成熟的新梢，留花芽饱满、粗壮的枝条，保证果枝立体分层分布，通风透光。修剪的目的是平衡树势，协调营养生长和生殖生长的关系、蓝莓产量和果实品质的关系。适当调整花芽数量，根据品种特性，依据果枝长短进行修剪，疏除密、弱、细果枝，长果枝（≥20cm）剪留 6～8 个花芽，中果枝（10～20cm）剪留 4～5 个花芽，短果枝（≤10cm）剪留 2 个花芽。

3. 萌芽前水肥管理

萌芽前施入硫酸铵及硫酸钾型复合肥，成年树一般每棵树的使用量是 50～100g。施肥方法一般以沟施为宜，可有效减少肥水流失。施化肥时沟宽 20～25cm，沟深 10～15cm。施肥后及时灌催芽水。

(二) 催芽期管理

1. 温度管理

蓝莓满足需冷量后，在温度适宜的条件下即可正常萌芽。升温时间越早，果实成熟上市时间越早，经济效益越高。温室有加温条件的，满足需冷量后即可升温。同一地区的，有加温设施的蓝莓温室果实成熟期要早于没有加温设施的蓝莓温室。温度管理原则是平缓升温，控制高温，保持夜温。高丛蓝莓的需冷量要在 0～7.2℃的低温状态下，积累时间 800～1200h。低温要求量不足时会造成发芽不良、开花不足，影响果实的产量和质量。实现蓝莓反季节生产的关键就是适时调整蓝莓的休眠时间。温度的控制一定要缓慢进行，不可短时间内温差过大，以免影响蓝莓的生长发育。方法是前期通过揭开保温材料的多少或程度控制室内温度，后期通过放风控制温度过高。第一周使室内气温白天中午保持在 13～15℃，夜间 6～8℃；第二周白天中午 16～19℃，夜间 7～10℃；第三周白天中午 20～23℃，夜间 8～12℃。第三周的温度一直保持到花芽萌发。夜间温度低于 5℃时，需要采取临时加温措施。

2. 湿度管理

升温后浇完催芽水后，控制土壤相对湿度达到 60%～70%，空气湿度控制在 70%～80%。升温阶段由于地温低，水分蒸发量少，同时全棚地膜覆盖，降低了空气湿度和水分蒸发，这个时期，浇水次数不宜过多，否则会影响土壤温度的升高，导致萌芽推迟。开花前一周浇催花水。

3. 修剪管理

花芽膨大期，对花芽过多的结果枝进行适当短截，减少花芽留量，一般壮枝留花芽 5～7 个，中庸枝 4～5 个。

4. 其他管理

在升温当天或第二天对蓝莓整株喷施 50% 单氰胺稀释 70～80 倍溶液，能有效打破休眠，促进叶芽萌发，提高产量，提早上市。但要注意品种差异，品种不同则喷施浓度、方法不同。使用破眠剂必须要保证土壤水分充足，以保证正常萌芽。具体用药注意事项参照药品使用说明。1 周后可以喷一次 3～5°Bé 的石硫合剂防治病虫害。地上管理完成后，及早进行地膜覆盖，提高地温，保证根系和地上部生长协调一致，同时还可降低棚内湿度，减轻病害的发生。

(三）开花期管理

1. 温湿度管理

开花期保证温度维持在 23～25℃，夜间不低于 8～13℃。开花期的适宜湿度为 50%～60%。开花期如遇低温应采取必要的人工加温措施，如在温室内加炭火、燃烧液化气、点蜡烛等，低温控制在 0℃以上，防止低温冻害。

2. 人工辅助授粉

温室大棚种植蓝莓时，蓝莓处于密闭条件下，为保证授粉受精和坐果，提高结实率，花期应进行人工授粉或蜜蜂授粉，最好选择蜜蜂授粉与人工授粉相结合的方法。每个 400m² 温室大棚内可以在开花期放置一个蜂箱，蜜蜂在 11℃ 即可开始活动，最活跃为16～29℃。

白天温度不可过高，当温度过高，会影响蜜蜂授粉。蜜蜂对一些气味较敏感，所以放蜂期间切忌喷洒对蜜蜂有毒害的农药，以防蜂群中毒。温室通风口应罩上防虫网，防止蜜蜂在白天放风时飞出。

也可以喷洒低浓度的赤霉素促进果实膨大。试验效果表明，放养蜜蜂是目前最经济高效丰产的办法。

3. 其他管理

开花初期，将衰弱花序疏除以提高果穗整齐度。为防止花期冷害和产生僵果病，在花前喷保护性药剂和杀菌剂，果实膨大期要保证充足的水分供应，适当随水追施营养液。盛花初期，喷施 0.2%的硼砂水溶液，以提高坐果率；花后喷施海藻氨基酸钙 1000 倍液，以提高果实硬度和预防畸形果。

（四）果实发育期管理

1. 温湿度管理

幼果期高温条件会影响果树的正常发育，产生畸形果，果实发育期白天温度控制在 25～28℃，夜间 11～13℃。果实膨大期白天温度控制在 22～25℃，最高 28℃，夜温 10～15℃；湿度 60%～70%。果实成熟期加大昼夜温差，提高果实品质。

2. 水分管理

花后及时浇水，果实膨大期，需水量大，要保证水分供应充足，若水分供应不足，会影响果实的生长发育，降低产量和果实品质。这个时期，要结合浇水，冲施一些含钾量高的水溶性肥料。果实成熟期要控制灌水量。

3. 果实管理

果实着色期，喷施 0.2% 的磷酸二氢钾水溶液，促进果实着色和提高可溶性固形物含量。

蓝莓的果实成熟期不一致，一般采收持续 3～4 周。适时采收对将要上市的蓝莓来说非常重要，直接影响到种植的经济效益。蓝莓果实由绿转白至蓝紫色后，再需 10d 左右即成熟。随着果实陆续变色成熟进行分批采收。成熟期要适当控制水分供应，切勿因水分过大造成裂果、落果等损失，另外，果实含水量过大，也会影响果实的品质和货架期。果实大量成熟期每 3～4d 采收 1 次，采摘应在早晨至中午高温来到以前，或在傍晚气温下降以后进行，采摘时轻摘、轻拿、轻放，对病果、烂果应单收单放，并做好分级和包装。

4. 气体管理

冬季温室经常密闭，通风换气少。同时施用农家肥及化肥，在温室的密闭环境下，分解释放的有毒气体容易积累，对蓝莓有毒害作用。因此，温室的通风换气极为重要，温室适宜的条件下，及时通风换气。通风还可以增加空气中的 CO_2 浓度，有条件的温室可以进行 CO_2 施肥，满足蓝莓光合作用对 CO_2 的需求，起到促进蓝莓生长发育、增产提质增收的作用。

（五）果实采收后管理

1. 采收后修剪

温室蓝莓的株行距比较小，采果后又是蓝莓的生长旺季，生长量比较大，采收后要及时进行修剪，否则易导致结果部位外移、叶片老化，也可避免花芽老化或出现二次开花现象。此时修剪主要是控制树高，以节约营养和改善通风透光条件，温室蓝莓采后修剪主要是疏除内膛枝、衰弱枝，回缩结果母枝，短截更新结果枝（组），回缩一部分大枝和过长的结果枝，以减少养分消耗，调节树体养分流向，促进芽眼饱满老熟。其次是对生长空间相互影响的结果枝去弱留强，待枝条停长后，适当疏除直立枝、过密枝，回缩细枝，短截部分长果枝。对过密枝、水平枝、弱小枝、病枝都要剪除。修剪时间为果实采收后的6月份，可根据品种、栽培修剪模式确定具体的修剪时间。

夏剪重点是摘心和短截，当新梢长到15～25cm进行1～2次夏剪，促使萌发更多的结果枝，一般进行2～3次摘心。对强壮的底芽新枝进行摘心，培养其成为结果主枝。对于因二、三次生长致使树体枝条密集的植株进行适当疏枝，对于9月下旬继续旺长的新梢摘心控长。每株保证4～6个结果主枝，这样既合理利用温室内的面积和光照，也对丰产、稳产有了保证。结果主枝生长至6年左右时，结果能力下降，果实品质差，萌发新枝能力弱，常需要更新，此时将老枝从基部疏除即可。

2. 肥水管理

果实采收后根据土壤养分情况配施有机肥加硫酸铵及微肥，促进树体发育，保证来年产量，施肥方法一般以沟施为宜，可有效减少肥水流失。秋季适当控水使植株适期停长，加速木质化和促进花芽分化；花芽分化期叶面喷施0.1%磷酸二氢钾2～3次，促进花芽形成。

3. 揭膜后管理

果实采收完毕之后，如果外界温度逐渐上升，就可逐渐撤除薄膜。当外界日平均温度达到15～20℃时，便可揭掉棚膜，一般山东在4月下旬，辽宁南部在5月上旬，沈阳以北地区在5月中下旬。揭膜后很快进入夏季，阳光充足，高温多湿，树体生长发育迅速。夏季管理的重点是控制新梢旺长，促进花芽分化，增加营养贮备。

4. 秋施基肥

基肥作为长效性肥料能为蓝莓的生长发育提供多种养分，基肥以秋施最好，因为蓝莓秋季的生长发育特点和环境条件适宜施用基肥。蓝莓秋季施肥非常重要，时间宜早不宜晚，辽南地区秋施基肥的时间一般在 8 月下旬至 9 月上旬。采用穴施或沟施，在行间、株间挖环状沟、条沟或施肥穴，深度 30～40cm。有机肥选用优质腐熟的农家肥，如鸡粪、猪粪、牛粪等，穴施或沟施，丰产期单株施有机肥 2～3kg，可根据树龄、植株大小及产量适当调节用量。

八、其他管理

1. 灾害性天气管理

(1) 暴风雪天气　冬季和早春有时会出现大风阵雪天气，雪大风急，把大量的雪吹落在前屋面上，雪越积越厚，如不及时采取措施，有可能把温室压塌，造成严重损失。遇到这种情况，要及时用刮雪板把积雪刮下。生产上有使用森林灭火机等专业设备进行除雪，提高效率，降低劳动强度。

(2) 寒流强降温天气　冬季有时出现寒流，突然降温 10℃ 以上时就要采取措施，以免造成危害。一般在晴天时出现寒流不容易受冻害，因为温室贮存的热量较多，寒流持续时间不会太长。但是连续几天阴天，温室中的热量已经较少时，再遇到寒流强降温就容易遭受冻害，遇到这种情况就要及时采取措施。可临时补助加温。补助加温的方法很多，如临时生火炉、烧炭火盆等。降温不太严重时夜间在靠近温室前底脚处，按 1m 间点燃一支蜡烛，可保持前底脚处不受冻害。也可以用热风炉、安装浴霸灯等设施进行增温，但一定要注意用火用电安全。

(3) 连续阴天　低纬度日照百分率低的地区，冬季温度不是很低，但是阴天多，有时连续阴天。遇到这种天气，只要不出现寒流强降温，每天都要揭开保温被。因为散射光在一定程度上能提高温度，并在作物光补偿点以上。如果不揭开草苫，作物不能进行光合作用，只有消耗没有积累，短时间尚可恢复，时间过长必然受害。长时间阴天造成温度过低时，仅仅加温是不行的，还要采取补光措施。可以使用专业的补光灯进行补充光照。

2. 病虫害防治

温室蓝莓生产，异常天气、温湿度条件均为蓝莓病虫害的滋生蔓延提供了条件。主要病虫害有灰霉病、茎基腐病、蚜虫等。发现病虫害要早防治，采取"预防为主、综合防治"的原则，把农业、物理措施有机结合，合理使用高效、低毒、低残留的化学农药。禁止使用高毒、高残留的农药，严格执行农药安全间隔期的管理规定，达到提高蓝莓产品质量、保护环境的目的。在秋季应彻底清除枯枝、落叶、病果等病残体，集中烧毁。在生长季节及时摘除病果、病叶等，在花开前至始花期，选择广谱性、低毒的杀菌剂，可用速克灵、施佳乐、代森铵等进行预防。蚜虫等用黄色粘虫板和杀虫灯进行诱杀。在果期禁止喷药，以免污染果实，造成农药残留。

3. 土壤 pH 值监测

要定期进行土壤 pH 值检测。当 pH＞5.5 时，就应再次调整土壤酸度，调整到蓝莓要求的土壤酸性条件，可以结合施肥使用硫黄粉改良土壤，也可以将灌溉水用硫酸、冰醋酸、柠檬酸等调成酸性水，对蓝莓进行浇灌。

第七章
蓝莓果实采收、分级和贮存

一、果实采收

果实采收前2周内尽量少浇水，水量过大会影响蓝莓果实的品质及贮藏，导致果实含糖量下降，也易出现裂果现象。蓝莓果实采摘期间，如果遇到干旱天气，浇水切忌大水漫灌，可适量浇水，以保证果品质量。

蓝莓果实要适时采收，不能过早采收。过早采收则果实小、风味差，影响果实品质。但也不能过晚，尤其是鲜果远销，过晚采收会降低耐贮运性能。果实成熟时正值盛夏时节，注意不要在雨中或雨后马上采收，以减少霉烂。蓝莓果实的成熟期不一致，所以需要分批次采收，一般需要间隔1周采收一次，一般采收期持续3～4周。采收后放入塑料食品盒中，再放入浅盘，运到市场销售，应尽量避免挤压、暴晒、风吹雨淋等。

【知识链接】

蓝莓的果实及生长特性

不同种类蓝莓的果实大小、颜色及形状略有差异。果实直径

0.5～2.5cm 不等。兔眼蓝莓、高丛蓝莓、矮丛蓝莓的果实为蓝色，被有白色果粉，果实形状由圆形至扁圆形。果实重量一般为1～2g。果实中种子较多，但种子很小，一般每个果实中种子数平均为65个。由于种子极小，对果实的食用风味并无不良影响。蓝莓果实一般开花后2～3个月成熟。

(1) 果实生长曲线 蓝莓果实生长曲线呈快-慢-快的"S"形（图7-1），浆果发育受许多因素影响。根据浆果的发育可划分为3个阶段：①迅速生长期。花受精以后，子房迅速膨大，约持续1个月后停止膨大，此期主要是细胞分裂。②缓慢生长期。特征是浆果生长缓慢，主要是种胚发育，浆果的花托端变为紫红色，而绿色部分呈透明状。③快速生长期。此期一直到果实成熟，主要是细胞膨大，浆果体积迅速增加，直径可增加50%。在固有色形成后，色泽和可溶性固形物含量还会上升，浆果大小可能再增加20%，再持续几天可增加糖含量和风味。

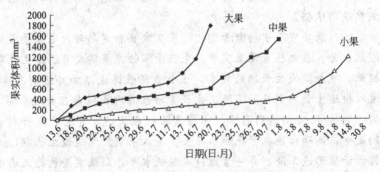

图7-1 蓝莓果实生长曲线（品种：早蓝）

蓝莓的色泽表现并不一定和果实达到可以食用的成熟度完全一致，有的品种已经完全表现出成熟的色泽，但实际上食用品质还很差。在栽培上最好在果实转蓝后再在树上停留几天，使之充分成熟后再采摘。加勒塔（Galletta）等在1990年提出了以下6个果实成熟阶段标准（表7-1）。

表 7-1　果实色泽变化阶段

阶段	描述
生绿	果实硬,果面 100%暗绿色
熟绿	果实较软,果面 100%浅绿色
绿-粉红	浅绿色为主,先端(萼片端)带粉红色
蓝-粉红	蓝色为主,基部(蒂端)带粉红色
蓝	几乎完全呈蓝色,仅在蒂痕周围微带粉红色
成熟	100%蓝色

(2) 种子对果实发育的影响　蓝莓浆果中种子数量与浆果大小密切相关。在一定范围内,种子数量越多,浆果越大,在异花授粉时,浆果重量的大约 60%归功于种子。对于单个果实来讲,在开花期如果花粉量大,则形成种子多,形成的果实也大,但种子对果实发育的贡献只有果实大小的 10%;但当开花期花粉量小,形成种子少,则果实变小,而种子对果实发育的贡献可达 59%。因此,对果实发育来讲,一定数量的种子是必需的,但并非越多越好。另外,果实中种子的颜色、种子与果肉的结合状态可以作为判断果实成熟度的依据。

(3) 果实发育中的激素变化　果实发育和成熟与内源激素变化密切相关。在矮丛蓝莓果实中,生长素活性在果实发育迅速生长期较低,随着缓慢生长期的到来,生长素活性迅速增加并达到高峰,进入快速生长期则开始下降。生长素活性首次出现是在开花后第 3 周,到第 5~6 周达到高峰。赤霉素活性在果实发育迅速生长期达到高峰,高峰出现在开花后第 6 天。进入果实发育缓慢生长期,赤霉素活性迅速下降,并一直维持在较低水平,到果实着色时又迅速增加。高丛蓝莓果实中赤霉素活性变化与矮丛蓝莓基本一致,但生长素变化则不同。高丛蓝莓果实中生长素活性在果实发育迅速生长期迅速增加,高峰出现在缓慢生长期开始阶段,有些高丛蓝莓品种果实中生长素从果实发育迅速生长期到缓慢生长期一直下降。高丛蓝莓果实中生长素活性在果实发育快速生长期出现第 2 次高峰,这也与矮丛蓝莓不同。

(4) 果实成熟过程中内含物的变化　果实开始着色后需 20~

30d 才能完全成熟，同一果穗中，一般是中部果粒先成熟，然后是上部和下部果粒。矮丛蓝莓果实成熟比较一致。果实成熟过程中内含物质发生一系列的变化。①果实色素的变化：不同种类、不同品种蓝莓果实的色素种类和含量有差别。对高丛蓝莓和矮丛蓝莓分析，其果实中含有 15 种花青素。主要有 3-单半乳糖苷，3-单葡萄糖苷，3-单阿拉伯糖苷。果实的颜色与花青素含量有关。紫红色果实花青素含量平均为 2.5mg/10g 鲜果，而蓝色果实高达 49mg/10g 鲜果。果实中花青素含量对于鲜果市场销售时果实的分级及品质差别具有重要作用。果实的成熟度、总酸含量、果实 pH 值及可溶性固形物都与果实花青素含量密切相关。②果实中的特殊成分：蓝莓鲜果中含有较丰富的维生素及矿物质元素（表7-2）。除此之外，果实中还含有维生素 E、熊果苷等其他果品中少有的特殊成分。

表7-2　每100g蓝莓鲜果中含有的主要成分

成分	高丛蓝莓	兔眼蓝莓	矮丛蓝莓
水分/%	83.2	NA	86.6
能量/J	62.0	NA	51.0
蛋白质/g	0.7	NA	0.4
脂肪/g	0.5	NA	0.6
糖类/g	15.3	NA	12.2
纤维素/g	1.5	NA	1.5
灰分/mg		NA	0.2
钙/mg	15.0	6.0	8.0
镁/mg	NA	5.6	5.0
磷/mg	13.0	9.7	11.0
铁/mg	1.0	0.2	0.2
钠/mg	1.0	1.1	1.0
钾/mg	81.0	93.0	54.0
维生素 A/IU	100.0	NA	81.0
维生素 B_1/mg	0.03	0.05	0.03
维生素 B_2/mg	0.06	0.05	0.04
烟酸/mg	0.50	0.36	0.52
维生素 C/mg	14.0	12.60	2.50

注：NA 表示未测定。

1. 人工采收

(1) 矮丛蓝莓采收 矮丛蓝莓果实成熟比较一致，先成熟的果实一般不脱落，可以等果实全部成熟后再采收。在我国长白山区，果实成熟时间为 7 月中下旬。矮丛蓝莓果实较小，人工手采比较困难，使用最多而且快捷方便的是梳齿状人工采收器。采收器一般宽 20～40cm、齿长 25cm、40 个梳齿。使用时，沿地面插入株丛，然后向前上方捋起，将果实采下。果实采收后，清除枝叶或石块等杂物，装入容器。

(2) 高丛蓝莓、半高丛蓝莓采收 高丛蓝莓、半高丛蓝莓主要供鲜食，适宜人工采收。采摘用具需要清洗、消毒、晾干，保证蓝莓采收过程中清洁。由于蓝莓果实的成熟期不一致，一般持续 3～4 周。当蓝莓果实表面由青绿色转变为蓝黑色时，开始采收，选择整个果实呈深蓝色、果蒂部分基本变蓝色的果实采摘。用手指轻捏住果实，直接向前稍用力即可摘掉，不要旋转或斜提，以免果蒂部分的果皮被撕裂。也不要反复触摸果实，尽量保证果粉完整。可戴薄橡胶手套或指套进行采摘，可以减少对果粉的破坏。盛果期 2～3d 采收一次，初果期和末果期 4～6d 采收一次。采摘时需要进行初步分级，根据果实大小进行分级，将大、中、小、残次果分开，采下后可直接放入小塑料盒中。蓝莓采摘季节气温高，采下的蓝莓鲜果要进行低温遇冷处理。采摘时间以晴天早晨为好。

2. 机械采收

(1) 高丛蓝莓和兔眼蓝莓采收 美国在高丛蓝莓和兔眼蓝莓采收中，为节省劳力，常使用手持电动采收机。采收机重约 2.5 千克，由电动振动装置和 4 个伸出的采收齿组成，由干电池带动。工作时，将可移动式果实接收器置于树下，将 4 个采收齿伸入树丛，夹住结果枝，启动电源振动约 3s。使用这种采收机需 3 人配合，但工作效率相当于人工采收的 2～3 倍。

(2) 矮丛蓝莓采收 美国在矮丛蓝莓采收中，常使用一种大型梳齿状采收器，配备摇动装置，采收时上下、左右摆动，将果实采下，然后用传送带将果实运输到清选器中。矮丛蓝莓果实成熟比较一致，先成熟的果实一般不脱落，可以等果实全部成熟后再采收。

由于劳动力资源缺乏，机械采收在蓝莓生产中越来越受到重视。机械采收的主要原理是振动落果。一台包括振动器、果实接收器及传送带装置的大型机械采收器 1h 可采收 0.5hm² 以上面积，相当于 160 个人的工作量，从而大大降低成本。但机械采收存在几个问题，一是产量损失，据估计，机械采收大约比人工采收多损失 30% 的产量；二是机械采收的果实必须经过分级包装程序；三是前期投资较大。在我国以农户小面积分散经营时则不宜采用，但大面积、集约式栽培时应考虑采用机械化采收。

二、预冷

刚采收的蓝莓温度较高，呼吸强度大，且果实自身不断产生热量，加之果实的水分不断蒸发散失，其新鲜度会很快降低。因此，田间采回的鲜果要进行预冷处理，以降低果实的代谢活动，保持新鲜度。果实采收后，应该立即进行预冷处理，使果实温度降低到 10℃ 以下，有效减少果实腐烂的发生。预冷的方式可以采用真空冷却、水冷却以及通风冷却。

1. 真空冷却

真空冷却是在真空状态下蒸发水分带走潜热，可以在 20～30min 内使果品温度从 25℃ 降至 3～5℃，因此此法最好，但设备要求高。

2. 水冷却

水冷却是用冷水浸渍或用喷淋冷水的方式。水冷速度也较快，但冷却后浆果表面的水分不易沥干，对贮藏的影响较大，易造成果实腐烂。

3. 通风冷却

通风冷却也要采用专门的快速冷却装置，通过空气高速循环，使产品温度快速冷却下来。对于蓝莓一般在 1～2h 内（最多 4h）就可降低到 1～2℃。另一种替代完全冷却的方法是在包装前冷却到 18~20℃，也有同样的效果。有可能是因为 18℃有利于果实蒂痕的干燥。

蓝莓果实的货架寿命主要受以下几种病害的影响：灰霉病、黑霉病、炭疽病。病害的感染点多数是蒂痕。用浸杀菌剂的方法可以减少腐烂。

三、果实分级和包装

1. 果实分级

果实采收后，经过初级机械分级后，仍含有石块、叶片、未成熟果实、挤伤和压伤等果实，需要进一步分级。果实采收后根据其成熟度、大小等进行分级。高丛蓝莓分级的标准主要包括：浆果 pH 值 3.25~4.25；可溶性糖＜10%；总酸 0.3%~1.3%；糖酸比为 10~33；硬度达到足以抵抗 170~180r/s 的振动；果实大小，直径＞1cm；颜色未达到固有蓝色说明尚未成熟，而果实中色素含量＞0.5%时则已过分成熟。实际操作中，主要依据果实硬度、相对密度及折光度进行分级。

(1) 根据相对密度分级 是最常用的方法，其利用的原理有两个。一种方式是利用气流分选，将蓝莓果实通过气流，小枝、叶片、灰尘等相对密度轻的物体被吹走，而成熟果实及较重的高相对密度的物体被截流下来，进入下一步分级。接下来的分级一般由人工完成。另一种方式是采用水流分级。水流分级效果较好，但缺点是由于果粉损失影响外观品质。

(2) 根据硬度分级 其主要原理是蓝莓果实对振动力的反应与果实硬度有关。根据果实硬度大小，采用不同的振动频率，可以将杂质、叶片、未成熟果实、成熟果实及过分成熟果实分离开来。

2. 包装

常用纸质、塑料材料的盒、箱、筐等包装蓝莓果实。以鲜果销售时，可使用无毒塑料盒，塑料盒有不同规格，大的可装 1000g 果实，小的可装 100g 左右，但以每个果盒盛装 125g 果实的规格较好，然后将小盒装入纸箱中，一般为 2 层。

对于加工用果实，可以使用平底透气的塑料筐或篮，直接进行包装。包装场地若在室外，也要遮阴避高温。若以鲜果销售，包装后即就地销售或运出销售。进行预冷处理后可长途运输销售，或直接装入冷藏车运到销售地点。大型企业，建立大规模冷库，可以实现在冷库中包装、封箱。

四、果实的贮存

蓝莓鲜果需要在 10℃ 以下低温贮存，即使在运输过程中也要保持 10℃ 以下的温度。但是果实从田间温度降至 10℃ 以下低温必须经过预冷过程，去除田间果实热量，才能有效防止腐烂。一般需要降到 10℃ 以下，若能降低到 2℃ 效果更好，即使在运输中也要保证 10℃ 以下低温。在国外使用冷藏车进行果实运输，车库内可保证 2℃ 温度。

1. 果实冷藏

果实在进入冷库冷藏前，先进行预冷，使果实温度在短时间内降低。在低温冷藏过程中为了抑制果实水分损失，要控制冷库湿度，一般相对湿度为 95%。在 1~2℃，相对湿度在 95% 的条件下，最长可保鲜 30d 左右。

2. 冷冻保存

果实采收分级包装后，不能及时加工，或待果实市场价格高时出售，可将果实制成冷冻果，长期保存，但冷冻果生食风味略偏酸，主要用于加工。

冷冻时间在 6 个月以上，温度要求 −20℃ 以下，用 10kg 聚乙烯袋或其他容器分装，然后装箱。运输过程中要保证冷冻温度，防止果实解冻。

3. 速冻贮存

为了更好地保持蓝莓的原有风味和品质，现代化生产采用了半自动化速冻生产流水线。速冻是利用超低温（−40~−35℃），使果实在短时间内（12~15min）果实中心温度降到−20℃，然后贮存在−20℃低温下，运输过程也要保证在此温度下进行，贮存6个月以上则要降低温度至−35℃以下。

单体速冻果品（IQF）是目前世界浆果果品初级加工和进出口贸易最主要的产品形式，可以最大限度地保持果实风味和品质，满足长时间贮存的需要。目前美国和日本等国主要采用半悬浮流态床式单体速冻设备和技术，可以防止果实速冻中的粘连，保持果实单体分离状态。

4. 气调贮藏

现在最先进的水果气调贮存保鲜技术是超低氧气调贮藏技术。采用变压吸附技术生产高纯度氮，结合二氧化碳吸附技术使低温库内产生1%以下低氧环境，可以使蓝莓鲜果贮藏达到2个月，超市货架期增加到14d。

五、果实加工技术

在国际市场上，蓝莓鲜果大约70%用于鲜食，30%用于加工。蓝莓在我国的栽培面积和产量还未达到大规模产业化加工的要求，但随着栽培规模不断扩大和市场需要，对先进加工技术和设备的需求将增加。目前国内已经有蓝莓果汁、果酒、果酱等系列产品上市，但相关技术和设备与国外相比还存在差距。

（一）蓝莓鲜果

1. 工艺流程

蓝莓—采收—除杂—分级—清洗—包装—冷藏—商品。

2. 操作要点

（1）采收 选晴天早上（露水干）或黄昏时分采收成熟的蓝莓，以人工或用带木制耙齿的采收器进行采收，采收过程应尽量避免机械损伤，采收后去除果梗、果枝、叶片等杂质。

（2）分级 用偏振筛按大小分为两级，将饱满、果径0.8cm

以上的一级鲜果挑出，用清洁流水洗去果面泥沙、灰尘和部分微生物。

(3) 包装 待果实表面无残留水珠后分装于盒式容器中，用保鲜膜包装即可冷藏销售。二级鲜果果形较小，可用于加工果酱、果汁或果酒。

（二）蓝莓果酱

1. 工艺流程
蓝莓—采收—除杂—清洗—烫漂—煮制—调配—灌装—成品。

2. 操作要点
(1) 除杂及清洗 去除杂质、霉果及破碎果，用清洁流水冲洗干净，除去泥沙、灰尘及果梗等。

(2) 烫漂 在100℃条件下烫漂5min，以充分杀灭酶活。

(3) 煮制及调配 烫漂后的果实用机械破碎后按果实∶蔗糖∶水＝2∶2∶1的比例加糖和水熬煮，按总量添加1％琼脂（琼脂预先用热水浸煮后过滤备用）和0.3％柠檬酸。加糖调整糖度至65％，煮沸10min即可出锅。

(4) 灌装，冷却 趁热装入已洗净晾干的果酱瓶中，排气后上盖密封，分三段冷却，即可得到蓝莓果酱产品。产品应尽量避光保存，防止花青素光解反应。杀菌条件：沸水10min。

（三）蓝莓果汁

1. 工艺流程
蓝莓—清洗—灭酶—打浆—澄清—配料—均质—杀菌—灌装—封盖—成品。

2. 操作要点
(1) 灭酶 将蓝莓挑选、除杂、清洗后，在100℃条件下烫漂5min，杀灭酶的活力。

(2) 热浸提、打浆 添加0.1％果胶酶，在50℃条件下恒温

2h，促进花青素色素的浸出和果胶水解。用打浆机打浆后过滤。

（3）**澄清、精滤**　加 1%明胶溶液，混匀后静置 24h，按 4g/L 用量加硅藻土混匀，用硅藻土过滤机过滤。

（4）**调配**　加优质蔗糖和柠檬酸调整糖含量为 16%，酸含量为 0.2%。

（5）**杀菌**　采用片式热交换器 120℃、3s 高温瞬时杀菌，装瓶密封即为成品。

（四）蓝莓果酒

1. 工艺流程

蓝莓果分选—清洗—破碎—果浆—调整成分—接种—主发酵—渣液分离—后发酵—陈酿—澄清处理—蓝莓原酒—均衡调配—杀菌—灌装—成品。

2. 操作要点

（1）**蓝莓果的分选**　选择果形完整，充分成熟，无霉烂变质的蓝莓作为原料。

（2）**取汁**　将蓝莓果进行清洗除去表面泥沙后，经榨汁机进行榨汁破碎，在此期间加入果胶酶和亚硫酸。果胶酶用量为 0.25%，亚硫酸添加量为 50mg/L。

（3）**调整成分**　蓝莓果汁中的含糖量偏低，不利于酒精发酵，需另外添加白糖使其含糖量提高到 18°Brix。

（4）**接种**　在蓝莓汁中加入 2%～4%的活性酵母液。活性酵母液可用 2%的蔗糖溶液在 35℃下加入 10%干酵母，复水活化 30min。

（5）**主发酵**　接种后的蓝莓汁于 25℃下进行发酵，持续 7d 左右，主发酵结束后进行渣液分离。

（6）**后发酵**　主发酵完的蓝莓汁于 20℃下继续发酵 14d，发酵结束后及时换桶，进行陈酿。

（7）**陈酿**　新发酵完的果酒口感不醇和，需要进行后续的陈酿使其品质进一步提高。一般温度控制在 15～18℃，时间 3 个月，陈酿时酒罐要贮满，防止酒的氧化。

(8) 澄清 调配通过明胶单宁法进行澄清处理，明胶加入量为20～100mg/L，之后进行过滤处理，即得蓝莓原酒，测定原酒的酒精度、酸度，并根据原酒的色、香、味和监测数据进行调配。

(9) 灭菌灌装 采用瞬时灭菌法进行灭菌处理，无菌灌装后即得成品。

（五）蓝莓果醋

1. 工艺流程

蓝莓—挑选清洗—破碎榨汁—糖酸调整—酒精发酵—醋酸发酵—生醋—陈酿—澄清—过滤—装瓶—灭菌—检验—成品。

2. 操作要点

(1) 蓝莓汁的制备 取新鲜成熟的蓝莓果，挑出霉烂果及杂质，用清水冲洗干净后，投入榨汁机中榨汁，再将榨出的果汁连果渣一起放到贮备罐中备用。

(2) 果汁成分的调整 果汁初始发酵的糖度、酸度是影响酒精发酵的主要因素，发酵前应调整果汁的糖酸度。

① 糖度的调整。如果不考虑发酵过程中的中间产物，每千克全糖可产醋酸 0.6667kg。

按下列公式调整蓝莓果汁的糖度：

$$X = (B/0.6667 - A)W$$

式中，X 为应加糖量，kg；B 为发酵后应达到的酸度（以醋酸计），g/g 蓝莓汁；A 为蓝莓汁含糖量（以葡萄糖计），g/g 蓝莓汁；W 为蓝莓汁重量。

② 果汁酸度调整。

再按公式 $m_2 = m_1(Z - W_1)/(W_2 - Z)$ 将蓝莓果汁的 pH 值调整到 3.5。

式中，Z 为要求调整的酸度，%；m_1 为果汁调整后的质量，kg；m_2 为需添加的柠檬酸量，kg；W_1 为调整酸度前果汁的含酸量，%；W_2 为柠檬酸液浓度，%。

3. 酒精发酵

(1) 高活性酵母的活化　将高活性干酵母无菌条件下加入到35℃、2%糖水中复水15min，然后温度降至34℃条件下1h，活化后备用。

(2) 酒精发酵及管理　将准备好的果汁灭菌后，按2/3体积装入发酵罐中，再将活化的酵母液加入发酵罐，搅拌均匀。密闭发酵，每天对发酵果汁的糖度、酒精含量进行测定，至果渣下沉，酒度和糖度不再变化，表明蓝莓酒精发酵结束，滤出残渣，再将发酵液放到用来醋酸发酵的发酵罐中。

4. 醋酸发酵

(1) 醋母的制备　固体培养：取浓度为1.4%的豆芽汁100mL，葡萄糖3g，酵母膏1g，碳酸钙2g，琼脂2.5g，混合，加热熔化，分装于干热灭菌的试管中，每管装4~5mL，在1kgf（1kgf=9.8N）的压力下灭菌15min，取出，再加入酒精体积分数为50%的酒精0.6mL，制成斜面，冷却后，在无菌条件下接种醋酸菌种，30℃培养箱中培养2d。

(2) 液体扩大培养　取1%豆芽汁15mL，食醋25mL，水55mL，酵母膏1g，酒精3.5mL，装在500mL三角瓶中，无菌条件下，接入固体培养的醋酸菌种1支，30℃恒温培养2~3d，在培养过程中，充分供给氧气，促使菌膜下沉繁殖，成熟后即成醋母。

(3) 醋酸发酵及管理　按原料的10%的比例，将醋母接入到准备醋酸发酵的蓝莓酒液中，搅拌均匀，给足氧气，每天观察发酵情况，并测定发酵液的酸度和酒度，直到酒度不再降低、酸度不再增加，发酵结束。

5. 陈酿

为提高果醋的色泽、风味和品质，刚发酵结束的果醋要进行陈酿。为防止果醋半成品变质，陈酿时将果醋半成品放在密闭容器中装满，密封静置半年即可。

6. 精滤

陈酿的果醋含有果胶物质，长时间存放易沉淀影响感官品质，加果胶酶解后再用离心机精滤。

7. 灭菌及成品检验

将澄清后的果醋,用灭菌机灭菌,趁热装瓶封盖静置 24h 检验合格后即为成品。

8. 检验方法及检验指标

总糖含量(可溶性固形物):手持糖度计;酸度测定:中和滴定法;酒精含量:蒸馏法测定。成品醋检测标准:按 GB 18187—2000《酿造食醋》。

感官指标:深紫红色且色泽艳丽,具有食醋特有的香气,蓝莓香味浓,无其他不良异味。酸味柔和,体态澄清,无悬浮物,无醋膜。

理化指标:总酸(以醋酸计),$\geqslant 3.5g/dL$;可溶性无盐固形物,$\geqslant 0.5g/dL$。

卫生指标:大肠杆菌群,$\leqslant 3MPN/dL$;致病菌不得检出。

(六)蓝莓保健茶

1. 工艺流程

蓝莓花:采摘—清洗—干燥

蓝莓果:洗净—真空冷冻干燥　　　　　　　　　调制配成

蓝莓叶:检选—洗净—干燥搓揉—烘焙—粉碎

2. 操作要点

(1) 蓝莓花的选择与制备　蓝莓花应在开花期选择花丛过密(过密的花丛会影响果实饱满度)的花朵和已开花但因种种原因即将凋零的花瓣进行采摘,不要采摘过度,以免影响果实收获。采摘后的花瓣经过清洗、自然干燥或利用干燥机干燥后保存待用。

(2) 蓝莓残余果的制备　通风干燥法与真空冷冻法相比会降低花色素含量 1/3 左右,颜色也会发生变化,因此,对果实的处理宜采用真空冷冻法进行。具体程序如下:把颗粒小、颜色差、不能上市的果实挑选出来后,除去枝叶等杂物、清洗、沥干、装入冰柜预冻。预冻：温度为一30℃。干燥：首先将冷阱预冷至一35℃，打开干燥仓门，装入冻透的蓝莓果，关上仓门，启动真空机组进行抽空，当真空度达到 60Pa 时，开始加热，加热过程中需要保证稳定的工作真空度，而且保证物品的最高温度不超过 50℃。平均脱水率达到 82.6%。冻干蓝莓果保持了原有的颜色，具有浓郁的新鲜蓝莓果芳香气味，且复水较快，复水后芳香气味更为强烈，复水后的冻干蓝莓果接近新鲜蓝莓果的风味。

（3）蓝莓叶的制备　叶的选摘应在果实收获后，采摘预定剪枝的枝干上的叶，并且要在叶片变红前进行，因为叶片变红后叶片中的有机酸含量会迅速减少。采摘后进行洗净，然后进行 15～20h 的自然干燥，将干燥后的叶片装入布袋，用手搓揉 15min，然后放在干燥箱内在 100℃温度下，干燥 1h 即可。

（4）调配　每 100g 水中，蓝莓叶粉末的量为 0.65～1.0g 时，蓝莓果实量为 0.2～0.33g，干燥花瓣 1～2 瓣。按此比例所得到的蓝莓保健茶颜色呈红紫色，酸甜味处于均衡状态，口感最佳。此量与常用袋茶容量相当，成品以袋茶出品，也便于饮用。

第八章

蓝莓病虫鸟害防治技术

在蓝莓生产中，防治病、虫、草、鸟、冻害等是栽培管理中的重要环节。尤其是各种病虫害危害蓝莓的叶片、茎干、根系及花果，造成树体生长发育受阻，导致减产或绝收，使果实的商品价值降低甚至失去商品价值。病虫害防治应坚持"预防为主、综合防治"的原则，优先采用农业措施、物理防治和生物防治，必要时可采用化学防治，但应符合无公害生产的要求。化学防治时，在蓝莓果实成熟前 20d 至采摘结束前禁止用药。

鉴于蓝莓在我国是一个新兴的品种，严格把好检疫关的同时，应积极开展蓝莓病虫害发生规律和防治措施的研究，以减少病虫害的发生。病虫害防治的关键在于保证建园的苗木健壮无病虫害以及细心的管理。每年春季适度修剪，剪除染病的枝条，疏除过密的枝条，保持灌丛通风良好，将减少细菌和真菌的感染和繁殖。合理施肥保持植株健壮，能够较好地抵抗病虫害。

一、病害

危害蓝莓的病原有真菌、细菌和病毒等，共有几十种病害。这里主要介绍生产中危害普遍的几种。

1. 灰霉病

灰霉病是大西洋西北部最严重的蓝莓病害。在美国东南部，多数年份里，该病对高丛蓝莓的影响较小，但可以造成兔眼蓝莓产量严重下降。我国北方设施蓝莓栽培中也有少量发生。病菌侵染幼嫩的绿色小枝、花、叶片和果实，造成严重损失，尤其是当花期持续降雨时更为严重。植株成熟部分很少受到感染。受害的幼嫩枝条首先由褐变黑，最后褪色变成黄褐色或灰色。在感病嫩枝上可见黑色硬块。枯萎花上出现大量灰色的菌丝体和分生孢子。发育的浆果也会被感染，但直到果实采收后才开始腐烂。受害浆果表面起皱，病菌在果实表面产生大量的分生孢子。幼叶通常由于接触感染的花而受害，出现褪绿斑，然后坏死，变成亮褐色。受害叶片上也产生分生孢子。花枯萎和果实腐烂造成染病当年的产量损失。幼枝染病导致花芽数量减少，因此造成下一年的产量下降。

在花期使用有效的杀菌剂能够控制灰霉病。除嗪胺灵以外，能够控制其他病害的大部分杀菌剂，一般都可控制灰霉病。改善空气状况的栽培技术，如每年进行 1 次修剪，创造不利于病菌生长的环境条件等都可以控制这种病害。避免在春季过量施用氮肥，因为它可促进易感染幼嫩部位的生长。

2. 僵果病

僵果病是高丛、矮丛和兔眼蓝莓上的重要病害。在高丛蓝莓上造成的最大损害是营养组织受害造成花枯萎甚至全部花序干枯。在兔眼蓝莓和矮丛蓝莓上，叶片、嫩枝和花的干枯带来的损害比果实干枯造成的损害更大，产量损失非常严重。在最严重的年份，僵果病可使 70%～85% 的蓝莓受害，较轻的年份也可达 8%～10%。

僵果病的早期症状是春季生长的叶和芽枯萎，在 24h 内，枝条上部、叶片中脉、侧脉变褐。变色 24～72h 后，营养枝、叶片和受害的花全部死亡。干枯枝条上的灰斑上形成分生孢子，它们散发出一种像发酵茶一样的特殊香气。所有受害部分最终从植株上脱落。春季症状过后，感染的植株不再出现其他症状，直到果实成熟才进一步表现出症状。染病果实变成奶白色至橙红色，最后变成黄褐色或灰白色。开始的时候发软，最终干缩变硬。

僵果病的发生与气候及品种相关。早春多雨和空气湿度高的地区发病重，冬季低温时间长的地区发病重。通常在低洼、潮湿的地区受害最重。相对湿度高有利于在枯萎组织中产生分生孢子梗和分生孢子。风和雨影响分生孢子的扩散。蜜蜂传粉能特别有效地把分生孢子传播到健康花朵的柱头上。生产中可以通过品种选择、地区选择降低僵果病害。入冬前，清除果园内的落叶、落果，烧毁或埋入地下，可有效降低僵果病的发生。春季开花前浅耕和土壤施用尿素也有助于减轻病害的发生。根据不同的发生阶段，使用不同的药剂进行防治。药剂防治：可以根据不同的发生阶段，使用不同的药剂。早春喷施 0.5%的尿素，可以控制僵果的最初阶段，开花前喷施 50%速克灵可以控制生长季发病，或选用 70%代森锰锌可湿性粉剂 500 倍液、70%甲基托布津 1000 倍液、50%多菌灵 1000 倍液或 40%菌核净 1500～2000 倍液。

3. 茎溃疡病

茎溃疡病是美国东北部蓝莓生产中危害比较严重的病害。茎溃疡病危害最明显的症状是"萎垂化"，茎干在夏季萎蔫甚至死亡。感染 7d 后，首先在茎的肉质多汁的部位出现小的红色病斑，病斑发展很慢。在易感的栽培品种上 6 个月时，病斑肿胀，变成明显的锥形。由于植物的易感程度不同，症状也会不同。在一些种或栽培品种（如兔眼蓝莓）上，病变部位最初发展成褐色、略微凹陷的斑点，2～3 年后，在一些易感栽培品种上会形成大的、肿胀的溃疡和裂缝，而抗病品种，病斑不再扩大。

防治的方法是选用抗性品种，夏季将发病枝条剪至正常部位。在园地选择上，尽可能避免早春晚霜危害地区，采用除草、灌水和施肥等措施促进枝条尽快成熟。喷施防治僵果病的药剂可以减轻茎干溃疡病的危害。

4. 炭疽病

真菌病害，病原为 *Colletotrichum acutatum*，属半知菌亚门炭疽菌属。该病菌既可侵染果实，又可危害叶片和枝条。果实染病后，在成熟期才表现症状，在果实上形成凹陷状斑，病斑上着生橘黄色、胶质状的孢子体。幼嫩枝感病，病部黑褐色，子实体同心轮纹状排列，受侵染的芽枯死。叶片染病时，叶片上形成棕红色、边界明显的病斑。病原菌在受害枝条的病组织上越冬，第2年春、夏遇雨孢子随风雨传播，侵染幼嫩叶片、枝条及幼果。幼果被侵染后在膨大期不表现症状，至果实成熟期或采收后才表现症状。病原菌生长的适宜温度为26~28℃，具有潜伏侵染的特点。花期至幼果期是孢子传播高峰期。高温高湿有利于病害的流行。

根据树势培养通风透光能力强的树形。及时剪除病枝、枯枝、枯叶，结合冬剪剪除侧上徒长枝、病害枝，并连同落叶收集起来集中烧毁。药剂防治发病前，喷施保护性药剂甲基托布津WP 1000倍液或75%百菌清可WP 500倍液，在病原菌潜伏期及春、夏、秋梢的嫩梢期，各喷药一次，在落花后一个月内，喷药2~3次，每隔10d喷一次。发现病株及时剪除病枝、病叶，用80%炭疽福美WP 500倍液或50%代森氨AS 800~1000倍液，或50%多菌灵WP 800倍液，或10%苯醚甲环唑WG 2000~2500倍液，或25%苯菌灵EC 900倍液药剂防治，7~8d喷一次，轮换用药，连续防治2~3次。喷药时叶背面要喷到，喷药后遇雨及时补喷。

5. 蓝莓根癌病

蓝莓根癌病主要发生在未调酸地块及扦插育苗棚中。细菌病害，病原为 *Agrobacterium tumefaciens*，属细菌土壤杆菌属。病害症状：根癌发病早期，表现为根部出现小的隆起、表面粗糙的白色或者肉色瘤状物。始发期一般为春末或者夏初，之后根癌颜色慢慢变深、增大，最后变为棕色至黑色。根癌病发生后影响植株根部吸收，造成植株营养不良，发育受阻。进入生长旺季之后随着植株根系的发育，根系抗性增加，根癌病发展减缓。但是该病病原在土壤中逐年累加，发生会呈逐年加重趋势。

防治技术：①选择健壮苗木栽培，应注意剔除染病幼苗。②加强肥水管理。耕作和施肥时，应注意不要伤根，并及时防治地下害虫和咀嚼式口器昆虫及线虫。③挖除病株。发病后要彻底挖除病株，并集中处理。挖除病株后的土壤用 10%～20%农用链霉素或 1%波尔多液进行土壤消毒。④铲除树上大瘿瘤，伤口进行消毒处理。⑤药剂防治：用 0.2%硫酸铜、0.2%～0.5%农用链霉素等灌根，每 10～15d 用药 1 次，连续 2～3 次。采用 K84 菌悬液浸苗或在定植或发病后浇根，均有一定的防治效果。

6. 蓝莓贮藏腐烂病

该病是蓝莓采后贮藏的一种常见病害，多由于在生长季时植株带菌，采摘贮藏时发病造成果实腐烂。由灰霉、青霉、链格孢、芽枝霉等病原真菌引起的腐烂，或者是生理性的如人工采摘时的伤口、冻伤等，都会造成蓝莓果的腐烂。蓝莓贮藏期的病害主要症状为果实上生成灰色或者黑色霉层，果实变软、凹陷，尤其是有伤口的果实，腐烂速度会更快。采收时摇动果柄造成内伤，是诱发该病的主要原因，果柄失水干枯往往加重发病。

防治技术：①合理的栽培。合理的栽培技术措施有利于蓝莓浆果含糖量的积累，这是增强果实贮藏性的前提。应增施有机肥和磷钾肥，后期严格控制氮肥的使用，采前半个月内停止灌水。要合理负载，加强病虫害的综合防治。此外，采前喷钙可以增加果实中的钙含量，保持果实的硬度，增强果实的耐贮性，提高果实的抗腐能力。浆果含钙水平是决定耐贮性的一个因素。②适期采收，避免碰伤。蓝莓果实属于非呼吸跃变型，采后糖含量因呼吸作用而降低，并直接影响蓝莓果实的贮藏品质和贮藏期。③贮藏前消毒杀菌、贮藏期抑菌处理。SO_2 是贮藏库消毒杀菌的最佳药剂。不同品种对 SO_2 的忍受能力各不相同，必须事先试验确定合适的浓度。一般按每立方米 20g 硫黄粉进行熏蒸处理。除此之外，仲丁胺、过氧乙酸等也可使用。贮藏期中，采取低温、气体调节、辐射杀菌和药剂杀菌等措施，创造不利于病菌生长的环境，提高蓝莓贮藏性，延长贮藏期，达到保鲜的目的。④经常检查制冷系统看是否有氨气遗漏，如有要尽快打开库房换气，喷水洗涤空气，也可引入 SO_2 中和氨气，SO_2 浓度不可高于 1%。

7. 蓝莓白粉病 （Powdery mildew）

白粉病在蓝莓上发病比较普遍，但是危害性较小。病原为真菌性病害，担子菌亚门，叉丝壳属 *Microsphaera vaccinii*。在仲夏以前，叶片不表现症状，后期叶片出现淡绿色、黄色或淡红色斑点，叶片出现皱纹，在叶背面出现水浸状斑点。植株上部叶片正面会产生白色的粉状物，个别情况下，危害严重的叶片会落叶。

发病规律：夏末，被侵染的叶片产生黄色或黑色子实体，春季被侵染的叶片的子实体产生随空气传播的孢子，子实体只着生在叶片表面，夏季叶片产生孢子并随风传播，高温、高湿的条件有利于发病。防治方法：种植抗病品种；降低果园湿度；药剂防治，发病初期可喷 30％氟菌唑（特富灵）5000 倍液，25％阿米西达悬浮剂 1500 倍液预防会有非常好的效果，也可选用 75％达科宁可湿性粉剂 600 倍液，四氟醚唑和硫黄悬浮剂亦可，或 10％世高水分散粒剂 2500～3000 倍液，或 32.5％阿米妙收悬浮剂 1000 倍液，或 80％大生可湿性粉剂 600 倍液，或 40％信生可湿性粉剂 6000～8000 倍液，或 43％菌力克悬浮剂 3000 倍液，或 70％品润干悬浮剂 600 倍液，或 2％加收米水剂 400 倍液，或 40％福星乳油 6000～8000 倍液等喷雾。

8. 蓝莓枯焦病

蓝莓枯焦病由蓝莓枯焦病毒（香石竹病毒组的成员）引起，于 1980 年在靠近西雅图、华盛顿的高丛蓝莓 Berkeley 上首次发现。在矮丛蓝莓和兔眼蓝莓中还没有枯焦病的报道。

蓝莓枯焦病的症状是叶片和花完全死亡。受害植株最初表现症状是在早春花期，花萎蔫，初时褐色，随着时间的推移逐渐褪色变灰。枯焦的花常常整个夏天不脱落。表现严重花枯症状的栽培品种上，嫩枝常常枯梢 4～10cm。从感染到发病有 1～2 年的潜伏期。症状常常先表现在 1 个或少数的枝条上，次年逐渐扩散，影响整个植株。传播媒介主要是蚜虫。

栽培无病毒苗木是最直接有效的防病方法，选择园地时，确保该地及邻近园地没有此类病毒。尤其值得注意的是，邻近蓝莓园种植的是抗病品种，虽无症状表现，但却可能感病，是永久性的病源。一旦发现植株受害，应该马上清除烧毁，并在 3 年内严格控制蚜虫。

9. 蓝莓鞋带病毒病

鞋带病是由蓝莓鞋带病病毒引起的以蚜虫作为载体的病害，也可以通过机械采收机远距离传播，是高丛蓝莓上最广泛的病毒病。受害植株上大量果实成熟时变为红紫色，而非正常的蓝色，降低了果实的等级。从侵染到田间表现出症状有4年的潜伏期。带病导致的症状有几种，最突出的症状是在当年生枝和1年生枝上，尤其是向阳的一侧，叶片变红并被拉长3～20mm，呈带状，所以命名为鞋带病。有些叶片呈橡树叶形状，暗红色，叶片重叠。有些叶片呈半月形，部分或全部变红。花期，受害植株上的花冠呈现桃红色至浅红色。

防治方法：杜绝病株繁殖苗木。当发现受害植株后，用杀虫剂严格控制蚜虫；机械采收时，应对机械器具喷施杀虫剂，以防其携带病毒蚜虫向外传播。经常对种植园做病毒检测是一种较好的预防措施。

10. 蓝莓叶片斑点病

蓝莓叶片斑点病是一种由蓝莓叶片斑点病病毒引起的通过花粉传播的病害，该病毒通过花粉传播，通过蜜蜂和大黄蜂将染病的花粉传播到健康的植株上。蓝莓叶片斑点病的发生区域较少，但一旦发病则危害严重。从发病开始几年内，茎干死亡直至全株死亡。不同品种对此病的抗病性不同，症状表现也不一致。蓝莓叶斑病主要由蜜蜂和大黄蜂的授粉活动传播，其传播范围根据蜜蜂的活动范围可达1km以上。在一个10hm²的果园，如有1株植株受病毒侵染，在10年内，其受侵染率可达50%以上。

防治该病的首要方法是预防，种植经病毒检测无病的苗木。在有病株的蓝莓基地里，必须发现所有的染病植株并清除。使用合适的灌丛消灭剂和除草剂杀死受害植株，防止其再次生长和开花。因为从感染到表现出症状有3～4年的潜伏期，做病毒检测远远不够。因此，每个植株都要做ELISA检测。可靠的检测组织是休眠花芽、花和顶生叶。但由于病毒在植株中分布不均匀，所以应从植株的不同部位采集6～7个样本作为混合样本来检测。

11. 花叶病

花叶病是蓝莓生产中发生较为普遍的一种病害。该病可造成减产15%。主要症状是叶片变为黄绿色或黄色，并出现斑点或环状枯焦，有时呈紫色病斑。症状的分布在株丛上呈斑状，不同年份症状表现也不同，在某一年表现症状严重，下一年则不表现症状。花叶病主要靠蚜虫和带病毒苗木传播，因此，施用杀虫剂控制蚜虫和培育无毒苗木可有效地控制该病的发生。

12. 红色轮状斑点病

红色轮状斑点病是美国蓝莓产区发生较普遍的病害之一。据调查，该病的发生可造成减产至少25%。植株感病时，一年生枝条的叶片往往表现中间呈绿色的轮状红色斑点，斑点的直径为0.05～0.1cm。到夏秋季节，老叶片的上半部分亦呈现此症状。该病毒主要靠粉蚧传播，另一种方式是带病毒苗木传播，防治的主要方法是采用无病毒苗木。

除了以上介绍的病毒病害之外，还有矮化病毒、番茄红点病毒、山羊尾病毒等，均对蓝莓生产造成危害。

13. 番茄环斑病

番茄环斑病毒是一种以线虫为载体的严重病害，常常是易感蓝莓栽培品种的致死性病害。不同蓝莓品种之间症状和严重程度有很大差异。受害叶片常呈杯状，畸形，有直径2～5mm的圆斑。幼叶带状，斑驳。受害的茎上会出现直径为2～5mm的褐色坏死斑。受害症状在同一植株上并不都是一样的：一些枝条可能会落叶，一些枝条上可能有坏死的叶片，还有一些可能表现正常。受害植株果实产量和质量下降。病株可能在采收中落叶，而且病株往往过了严冬之后死亡。

番茄环斑病毒通过剑线虫在土壤中传播。经过几年的发展，病毒会造成一片近似卵圆形的植株死亡或树势衰弱的区域。

番茄环斑病可通过几种方式联合防治。选择具有抗病性的蓝莓品种，栽培经过检测没有番茄环斑病毒的植株。在种植前，要对土壤进行检测，确定是否存在剑线虫。如果有剑线虫，在防水布下用杀线虫剂对土壤进行熏蒸。严格控制种植园里的杂草以消除可能会引起番茄环斑病毒感染的各种隐患。在确定有番茄环斑病毒的蓝莓园，不仅要清除受害植株，而且也要清除附近一圈无症状植株（很可能已经受害），降低侵染的传播速度。再次种植前，用推荐的杀线虫剂在防水布下对清除植株区域的土壤进行熏蒸。

14. 休克

蓝莓休克等轴不稳定环斑病毒可以引起高丛蓝莓花期花和叶的完全坏死。这种病害最初易与蓝莓枯焦病病毒引起的枯焦病混淆，被认为是枯焦病的变异。与枯焦病不同的是，感染植株花期后再生出叶簇，在夏末时表现非常正常，只是产量降低。

该病的症状与由蓝莓枯焦病病毒引起的症状非常相似。受害幼叶枯萎，叶柄、叶脉变黑，或枯萎成橙黄色。花枯萎看起来与蓝莓枯焦病病毒引起的完全相同。花枯萎，叶片脱落，到了夏初，受害植株可能完全落叶。随着季节推移，植株恢复，叶片 2 次生长。到了夏末，受害植株除了结果很少之外，植株表现正常。偶尔，受害植株生长缓慢，尤其是症状持续了 3～4 年之后。未枯萎的叶片常常轻微褪绿，带有微弱的红色环斑，这种红色环斑在叶片的正面和背面都可见到。

病毒通过花粉传播，在田间传播很快，以侵染点为中心呈放射状蔓延。种植园内，在病害扩散的早期，受害植株的数量每年成倍增长。

蓝莓休克主要是通过种植经检测不含病毒的植株来进行控制。在受害基地附近不要新建种植园。注意不要使用感染 BSIV，但已经恢复不表现出受害症状的基地里的植株。

二、虫害

据调查，危害蓝莓的虫害达 9 个目、57 个属、292 个种。危害蓝莓的害虫，按照其危害部位，主要分为食芽害虫、食果害虫、食叶害虫、根部害虫与茎部害虫。各种害虫通过危害蓝莓的叶片、茎干、根系及花果，造成树体生长发育受阻，产量降低，果实商品价值降低甚至失去商品价值。危害蓝莓的主要害虫有危害蓝莓叶的黄刺蛾、叶蝉、叶螟和卷叶螟；危害蓝莓茎干的介壳虫和茎尖螟虫；危害蓝莓芽的蔓越橘象甲和蓝莓蚜螨；危害蓝莓果实的李象虫、蓝莓蛆虫、蔓越橘果蛆虫和樱桃果蛆虫。

1. 果蝇

果蝇属于昆虫类，对成熟的蓝莓果实有危害。6月、7月正是蓝莓成熟的季节，同时也是果蝇繁殖最旺盛的季节，成熟的蓝莓给果蝇带来了丰盛的食物。许多果蝇选择把虫卵产在蓝莓的果实中，破坏了蓝莓果实的质量，大大降低了蓝莓的生产产量，影响了蓝莓的销售市场，给蓝莓收获以后的果实处理和加工带来了困难。防治方法：一是培育蓝莓新品种，错开果蝇排卵时期；二是杀虫剂灭果蝇，将选用的甲基丁香油放到瓶子里，瓶口打开，果蝇闻到甲基丁香油的味道就会钻进瓶中，只要果蝇吃了甲基丁香油就会死亡；三是用糖醋毒杀果蝇，将麦麸炒香，加入糖和醋，用敌敌畏搅拌，放在蓝莓果树底下引诱果蝇前来食之；四是将漂白水喷洒在蓝莓果园潮湿的土壤中，对果蝇的幼虫进行消灭。

2. 蚜虫

蚜虫主要以成蚜和若蚜刺吸蓝莓汁液造成危害，主要发生在嫩叶、嫩芽以及花蕾上，当蓝莓被蚜虫破坏以后，会使植物失去绿色，改变颜色，整颗蓝莓苗缩小，严重的会导致枝叶枯萎。蚜虫携带细菌多、繁殖速度快，对蓝莓种植的危害非常大。防治方法：一是在蚜虫大量繁殖的季节，采用植物专用的农药，如苦参碱和印棟素等；二是养殖蚜虫的天敌，预防和控制蚜虫的繁殖。蚜虫的天敌包括瓢虫、蜘蛛、草岭、寄生蜂等。从某种程度上来讲，保护这些蚜虫的天敌，是对蓝莓的有效防护。

3. 蛴螬

蛴螬属于鞘翅目金龟子总科的幼虫，对蓝莓根部的危害最大，蛴螬的成虫以食蓝莓的叶子为生，1年生产1代，蛴螬的幼虫寄居在土壤中越冬，主要以2龄幼虫越冬兼有3龄。在春天到来时，土壤中的温度达到5℃以上，蛴螬幼虫就开始迫害蓝莓的根部了。防治方法：在每年的4月初期时，使用白僵菌药汁或是辛硫磷药液对蓝莓的根部进行浇灌，是防治蛴螬幼虫最有效的方法。对蛴螬成虫的防治可以使用灯光诱杀的方法，或是将杨柳枝条浸泡在药物的溶液中，诱杀蛴螬成虫。此外，还可以利用小卷叶蛾线虫扼杀和防治蛴螬成虫。

4. 叶蝉

叶蝉属于半翅目叶蝉科，对禾谷类、蔬菜、果树、林木等都有危害。叶蝉对蓝莓叶片的直接危害并不严重，但可携带病菌并传播病菌从而造成严重的生长不良。叶蝉的主要危害是吸取蓝莓嫩梢皮层的汁液，食取蓝莓的养分和身体中的水分，导致蓝莓叶片萎缩、卷曲、凋落、枯死，影响蓝莓的生长。防治方法：在冬季，认真清理蓝莓的落叶，减少叶蝉的幼虫越冬。可利用灯光诱杀叶蝉的成虫，或是选用敌百虫药液喷洒在蓝莓周围，并要及时清理蓝莓身边的杂草，使叶蝉没有安身的地方。

5. 美国白蛾

美国白蛾（*Hyphantria cunea* Drury）属鳞翅目、灯蛾科。美国白蛾是世界性的检疫害虫。幼虫食性杂，繁殖量大，适应性强，传播途径广，为害多种林木和果树，也为害农作物、蔬菜及野生植物。在幼虫期有结织白色网幕群居的习性，1～3龄群集取食寄主叶背的叶肉组织，留下叶脉和上表皮，使被害叶片呈白膜状，4龄开始分散，不断吐丝将被害叶片缀合成网幕，网幕随龄期增大而扩展。5龄后，食量大增，仅留叶片的主脉和叶柄。美国白蛾一年发生两代，以蛹越冬。翌年5月上旬至6月中旬越冬蛹羽化出第一代成虫，5月下旬至6月初是羽化高峰期。6月上旬是幼虫网幕始见期，6月下旬至7月初是网幕盛发期，7月中旬到8月初是老熟幼虫化蛹期。第二代成虫期为7月下旬到8月中旬，7月末到8月中旬是成虫羽化高峰期；幼虫始见期在8月初，8月下旬至9月初是网幕盛发期，此期是美国白蛾全年为害最严重的时期，若不及时防治，可造成整株受害果树树叶被吃光的现象。9月中旬老熟幼虫开始化蛹，至 10 月中旬结束。调查中还发现美国白蛾出现世代重叠现象，7 月下旬至 8 月下旬世代重叠现象较为严重，可以同时见到卵、初龄幼虫、老龄幼虫、蛹及成虫。

防治技术：①生物防治：采用 Bt 乳剂（100 亿活孢子/mL）150~200 倍液喷雾防治。②处理网幕：人工防治。在幼虫 3 龄前发现网幕后人工剪除网幕，并集中处理。如幼虫已分散，则在幼虫下树化蛹前采取树干绑草的方法诱集下树的幼虫，定期、定人集中处理。③黑光灯诱杀：一盏灯控制 60 亩地。④药剂防治：药剂选用 Bt 乳剂 400 倍液、2.5% 溴氰菊酯乳油 2500 倍液、80% 敌敌畏乳油 1000 倍液、5% 来福灵 4000 倍液喷药防治，均可有效控制此虫为害。

6. 黄刺蛾

黄刺蛾（Cnidocampa flavescens Walker）幼虫俗称洋辣子、八角，属鳞翅目、刺蛾科。性喜聚群生活，肆无忌惮地啃食蓝莓叶子。黄刺蛾除四川、广西、云南、湖南省（自治区）目前尚无记录外，几乎遍及我国各省（自治区）。以幼虫为害树莓、枣、核桃、柿、枫杨、苹果、杨等 90 多种植物，可将叶片吃成孔洞、缺刻或仅留叶柄、主脉，严重影响树势和果实产量。防治方法：①消灭越冬虫源：刺蛾越冬代茧期历时很长，一般可达 7 个月，可根据刺蛾的结茧地点分别用敲、挖、翻等方法消灭越冬茧，从而降低来年的虫口基数。②摘除虫叶集中销毁：刺蛾的低龄幼虫有群集为害的特点，幼虫喜欢群集在叶片背面取食，被害寄主叶片往往出现白膜状，及时摘除受害叶片集中消灭，可杀死低龄幼虫。③消灭老熟幼虫：老熟幼虫多于晚上或清晨下地，结茧，可在老熟幼虫下地时杀灭它，以减少下一代的虫口密度。④灯光诱杀：成虫具有一定的趋光性，可在其羽化盛期设置黑光灯诱杀成虫。⑤生物防治：Bt 制剂（含 100 亿孢子/g 或 mL）125g，对水 100L 喷雾，若与 90% 晶体敌百虫 30~50g 混用效果更好。天敌昆虫上海青蜂可将卵产于黄刺蛾幼虫体上寄生，幼虫在寄主茧内越冬，翌年 4~5 月成虫咬破寄主茧壳羽化，其寄生率可达 58%；此外，黑小蜂、姬蜂、寄蝇、赤眼蜂、步甲和螳螂等天敌对发生量可起到一定的抑制作用。⑥化学防治：幼虫 3 龄前抵抗力弱，可用干黄泥粉喷撒杀死，5 龄后抗药性增强，可用 20％氰戊菊酯、2.5％溴氰菊酯乳油 25mL，50％杀螟松乳油 80～100mL、50％辛硫磷乳油 50～80mL 等对水100mL 喷雾，每公顷树冠覆盖面积喷药 2250L。

7. 卷叶螟

卷叶螟主要危害蓝莓的叶片，表现为幼虫将叶片卷起，对蓝莓的生产影响较小。有效防治方法为喷施防治果实虫害的杀虫剂。

8. 介壳虫

介壳虫是为害蓝莓茎干的主要害虫，最常见的害虫是弯钩圆蚧和泥龟蜡蚧，介壳虫可引起树势衰弱、产量降低、寿命缩短。如果修剪不及时，往往受害严重。防治方法是在早春芽萌发前喷施 3％机油乳剂。

9. 茎尖螟虫

茎尖螟虫主要危害蓝莓茎干。此虫产卵于枝条的茎尖，幼虫啃食茎尖组织造成枝条尖端死亡。果树生产中通常使用防治果实虫害的药剂即可，喷施即可有效控制茎尖螟虫的成虫。

10. 蔓越橘象甲

蔓越橘甲虫体背黑红棕色，体长约 3mm，是美国东北部危害最严重的害虫之一。蔓越橘甲虫在早春时出现，在花芽和叶芽微微张开时，便在芽上取食，被取食的花芽不能再开花，被取食的叶芽长出的叶子也非常小。在叶芽开始泛绿，花芽开始发白的时候使用谷硫磷便可以防治蔓越橘甲虫。

11. 蓝莓蚜螨

蓝莓蚜螨是对蓝莓花芽危害最严重的害虫，常危害蓝莓未开绽的芽，造成花芽表面粗糙，局部长出瘤状突起，并伴有红色小点。其虫体微小，肉眼极难发现。蓝莓蚜螨绝大多数时间生活在芽内。虫害严重时造成芽死亡，蓝莓产量下降。可在果实采收后喷施 2 次马拉硫磷水溶液或施用马拉硫磷油溶剂。

12. 李象虫

李属象虫是危害蓝莓果实的另一种重要害虫。成虫长6mm,把单个卵产在果实表面的低洼处。每只雌虫可以产140个卵。幼虫取食果肉后从果实的中心钻出来,果实在成熟之前便掉落下来。危害的典型症状是树上的果实有明显的产卵痕迹,掉落在土壤上的果实上有褶皱。防治该虫害的有效方法是在授粉后果实直径大约6mm时施用对硫磷。

13. 蓝莓蛆虫

蓝莓蛆虫对蓝莓果实的危害十分严重,它也是较为常见的危害蓝莓果实的害虫。其成虫在成熟的果皮下产卵,使果实变质,失去产品价值。

防治方法是在叶面或土壤喷施亚胺硫磷和马拉硫磷。因其成虫发生持续时间较长,故需要在成虫期时多次喷施杀虫剂。

14. 樱桃果蛆虫

樱桃果蛆虫是危害蓝莓果实的主要害虫之一。幼虫出生在果实里并啃食果实直到其长大一点,然后转移到邻近的果实上继续危害。这一过程中幼虫不暴露,最终使果穗上2个受害果实粘在一起。

防治方法是喷施对硫磷和亚胺硫磷。

三、杂草防治

除草是蓝莓果园管理中的重要一环,除草果园比不除草果园产量可提高1倍以上。但人工除草费用高,土壤耕作又容易伤害根系和树体,因此,化学除草在蓝莓栽培中应用广泛。尤其是矮丛蓝莓,果园形成后由于根状茎串生行走,整个果园连成一片,无法进行人工除草,必须使用除草剂。蓝莓园中化学除草有许多问题,一是土壤中大量的有机质可以钝化除草剂;二是过分湿润的土壤使喷洒除草剂的准确时间不定;三是台田栽培时,台沟及台面很难均匀喷洒除草剂。尽管如此,在蓝莓园中应用除草剂已获得较好的效果。

除草剂的使用应尽可能均匀一致，可采用人工喷施和机械喷施。喷施时，压低喷头，喷于地面，尽量避免喷到树体上。目前尚无对蓝莓无害的有效除草剂，因此除草剂的使用应严格按照厂方说明执行，对新型除草剂，要经过试验后方能大面积应用。下面介绍几种常用除草剂。①敌草隆。蓝莓园中最常用的除草剂，能够杀死大多数的一年生阔叶杂草，包括荞麦和牧草。蟋蟀草和红根草也可被控制。应用敌草隆可基本上控制杂草，而对树体和产量无不良影响；过量使用（4.5168kg/hm²）连续5年才对树体略有伤害。适宜用量为2.24168kg/hm²，使用的时间为春季到果实采前1周。敌草隆对多年生杂草无效。②西马津。对控制一年生杂草有效，它主要靠根系内吸起作用，应在杂草萌芽以前施用。在杂草出土前，当有充足降雨之后马上喷施西马津，这样药剂很快被杂草吸收而起作用。西马津起作用后，杂草叶片和顶端失绿。使用剂量为4.5168kg/hm²，时间在萌芽前。西马津对蓝莓不仅没有伤害作用，而且还能促进地上部生长。③氯苯氨灵。使用剂量为6.7168kg/hm²，应用时间为春季萌芽前和秋季，用于控制一年生杂草，春季施用对控制菟丝子和攀援荞麦有效。但对一年生阔叶杂草无效，使用时需与其他除草剂配合使用。④2,6-二氯苯。应用剂量为4.5～6.7168kg/hm²，从11月中旬到翌年3月初对一些多年生杂草和一年生杂草有效。但6月份以后失去作用，需用敌草隆、西马津作补充。⑤草甘膦。用于灭杀难以控制的多年生恶性杂草，如鹅观草。但生长季应用，可引起蓝莓枯梢、叶片失绿等症状。成龄树上土施少量，药害症状需过1年后才能恢复。因此，草甘膦主要用在行间或台沟。⑥百草枯。为接触型除草剂，用于多年生杂草控制，对蓝莓也有伤害，应尽量避免喷洒到1～2年生的枝条上。应用4%颗粒112～168kg/hm²，春季萌芽前应用。百草枯不能阻止杂草种子的萌发，所以在施用时应与西马津、敌草隆等配合使用。

四、鼠害及鸟害

树体越冬时，有时易遭受鼠害，尤其是在土壤覆盖秸秆、稻草时，田鼠等啃咬树皮，使树体伤害甚至死亡，入冬前可在田间撒鼠药，根据鼠害发生的程度与频度确定鼠药施用量。

鸟害是蓝莓生产的一个大问题。蓝莓成熟时果实甜美，呈蓝紫色，是许多鸟类偏爱的食物。很多鸟类特别是麻雀喜欢啄食蓝莓果实，露地和温室蓝莓常受鸟的侵袭，造成蓝莓产量降低，果品质量下降。大的鸟类常吞食浆果，小的鸟类则将浆果啄破后啄食，有的鸟还将大量果实啄落在地，落地的果实鸟并不食用，而是继续啄落果实，很多未成熟的果实也被大量啄落。因此，鸟类对蓝莓为害的程度很大，且以山林附近的小果园受害最重。据调查，鸟害可减产10%～15%。简易的防治方法是在田间树立稻草人。防止鸟类为害果实的最有效的方法是张挂防鸟网，但成本也相当可观。也有用稻草人、电驱鸟器、鞭炮等驱赶鸟类的，但效果不太理想。用录音机播放鸟类遇到危险时发出的声音比较有效，但效果也不会很持久，而且预防的面积有限。

五、冻害

尽管矮丛蓝莓和半高丛蓝莓的抗寒力较强，但在寒冷地区个别年份的极端低温和春季大风、干旱条件下，常有冻害发生，其中最主要的两种冻害是越冬抽条和花芽冻害。在特殊的年份可使地上部全部冻死。因此，在寒冷地区栽培蓝莓，越冬保护是提高产量的重要措施。

1. 人工堆雪

在北方寒冷地区，冬季雪大而厚，可以利用这一天然优势，用人工堆雪，确保树体安全越冬。与其他方法，如盖树叶、稻草等相比，堆雪防寒具有取材方便、省时省工、费用少等特点，而且堆雪后可以保持树体水分充足，使蓝莓的产量大大提高。防寒的效果与堆雪深度密切相关，并非堆雪越深产量越高。一般以覆盖树体的 2/3 为佳，对半高丛蓝莓品种北蓝，最佳厚度为 15～30cm。

2. 其他防寒方法

埋土防寒可以有效地保护越冬树体，在蓝莓栽培中可以使用。但蓝莓的枝条比较硬，容易折断，在定植时应采用斜植方法，以利于埋土防寒。其他方法，如树体覆盖稻草、树叶、塑料地膜、麻袋片、稻草编织袋等也都可以起到一定的越冬保护作用。

参 考 文 献

[1] 李亚东. 越橘栽培与加工利用. 长春：吉林科学技术出版社，2001.

[2] Paul Eck. Blueberry Science. New Brunswick and London：Rurgers University Press，1988.

[3] 李亚东，刘海广，唐雪东. 蓝莓栽培图解手册. 北京：中国农业出版社，2014.

[4] 於虹. 蓝浆果栽培与采后处理技术. 北京：金盾出版社，2003.

[5] 张含生. 寒地蓝莓栽培实用技术. 北京：化学工业出版社，2015.

[6] 马骏，蒋锦标. 果树生产技术（北方本）. 北京：中国农业出版社，2006.

[7] 丁武. 食品工艺学综合实验. 北京：中国林业出版社，2012.

[8] 傅俊范，严雪瑞，李亚东. 小浆果病虫害防治原色图谱. 北京：中国农业出版社，2010.

[9] 王兴东，魏永祥，刘成，等. 单氰胺在日光温室蓝莓应用试验研究. 中国果树，2013（5）：25-27.

[10] 王兴东，魏永祥，孙斌，等. 辽南温室蓝莓丰产高效栽培技术. 北方果树，2015（6）：28-30.

[11] 谭钺，吕勋，崔海金，等. 蓝莓设施栽培管理技术要点. 落叶果树，2014，46（2）：51-52.

[12] 陈宏毅，等. 蓝莓温室大棚栽培技术. 林业实用技术，2009，5：43-45.

[13] 杨玉春，等. "斯巴坦"蓝莓温室高效栽培. 新农业，2009，2：12-13.

[14] 邵福君. 北高灌蓝莓温室栽培管理. 特种经济动植物，2010，1：49-50.

[15] 姜惠铁，等. 越橘品种公爵促成栽培技术. 山东农业科学，2011，1：108-110.

[16] 于强波，等. 日光温室蓝莓定植技术. 北方园艺，2010，3：50-51.

[17] 李佳林. 蓝莓主要病虫害及其防治简介. 南方农业，2015，9（15）.

[18] 乌凤章，王贺新，陈英敏，等. 我国蓝莓生理生态研究进展. 北方园艺，2006（3）：48-49.

[19] 毕万新，于庆，南海龙，等. 蓝莓土肥水管理及病虫害防治. 中国园艺文摘，2014（11）：189-191.

[20] 关丽霞，韩德伟. 蓝莓组培苗瓶内浅层液体生根技术. 上海农业科技，2011，3：21.

[21] 陈子顺，徐桂玲. 如何提高蓝莓的成活率. 北大荒日报，2011-05-24（2）.

[22] 孙钦超，刘庆忠. 北高丛蓝莓的适宜树形及整形修剪技术. 落叶果树，2011，2：45.

[23] 苏宝玲，等. 越橘病害概述. 北方园艺，2010，6：218-220.

[24] 柳丽婷，等. 美国越橘虫害的发生与防治. 北方园艺，2011（05）：190-191.